江苏气象科普创新与传播实践

艾文文　孙燕　主编

气象出版社
China Meteorological Press

内 容 简 介

本书是作者在认真总结江苏气象科普多年工作实践及应用成果基础上编写而成的。书中全面介绍了江苏省气象局以中国北极阁气象博物馆为“圆心”，积极融入江苏各地特色，围绕建设气象科普场馆、举办特色科普活动、打造气象科普产品、壮大科普宣传队伍等重点任务，加大气象科普工作创新力度，拓宽气象科普创新广度，挖掘气象科普创新深度，走出了一条具有江苏特色的气象科普创新之路。本书主要面向从事气象科普工作的决策者、管理者和创作者，也可供其他领域科普工作人员、气象爱好者等阅读。

图书在版编目（CIP）数据

江苏气象科普创新与传播实践 / 艾文文，孙燕主编
. -- 北京 : 气象出版社，2023.8
ISBN 978-7-5029-8026-9

Ⅰ. ①江… Ⅱ. ①艾… ②孙… Ⅲ. ①气象学－江苏－普及读物 Ⅳ. ①P4-49

中国国家版本馆CIP数据核字(2023)第164658号

江苏气象科普创新与传播实践

JIANGSU QIXIANG KEPU CHUANGXIN YU CHUANBO SHIJIAN

艾文文　孙燕　主编

出版发行：气象出版社
地　　址：北京市海淀区中关村南大街 46 号　　**邮政编码**：100081
电　　话：010-68407112（总编室）　010-68408042（发行部）
网　　址：http://www.qxcbs.com　　**E-mail**：qxcbs@cma.gov.cn
责任编辑：张　媛　　**终　　审**：张　斌
责任校对：张硕杰　　**责任技编**：赵相宁
封面设计：楠竹文化
印　　刷：北京地大彩印有限公司
开　　本：710 mm × 1000 mm　1/16　　**印　　张**：7.5
字　　数：122 千字
版　　次：2023 年 8 月第 1 版　　**印　　次**：2023 年 8 月第 1 次印刷
定　　价：60.00 元

《江苏气象科普创新与传播实践》

编委会

主　　编：艾文文　孙　燕

副 主 编：孙　明

编写人员：张志薇　单　婵　孙　艳　朱　裔
　　　　　吕思思　张　岚　史　潇　王宏斌

编写指导：罗晓春

前言

气象与人民的生活息息相关，气象科普是气象服务的重要组成部分。在全球变暖，气象灾害频发多发的气候大背景下，气象科普在防灾减灾中的重要性日益凸显。气象科普活动的开展，为公众了解气象、认识气象、学习防灾减灾知识架起一座座认知桥梁。丰富多彩的气象科普知识传播，可以让公众感受气象精神，树立气象科学思维，提升防灾减灾意识和气象灾害应对能力。

江苏省气象局驻地南京北极阁，是中国近代气象事业的发祥地，自古就与气象结下不解之缘。1928 年，竺可桢先生在此建立中央研究院气象研究所。此后，共有 2 位“两弹一星功勋奖章”获得者，7 位中国科学院院士等一大批气象科学家从这里走向全国。依托北极阁源远流长的气象文脉，江苏省气象部门建立中国北极阁气象博物馆，并以此开展了一系列丰富多彩的线上线下科普公益活动。

习近平总书记在 2016 年 5 月 30 日的“科技三会”（全国科技创新大会、两院院士大会和中国科学技术协会第九次全国代表大会）上强调“要把科学普及放在与科技创新同等重要的位置”。随着气象科技的不断进步，气象科学与相关学科相互渗透交融，气象科普的发展空间也越来越广阔。近年

来，江苏各级气象部门充分发挥全省气象科普公共资源作用，打好“组合拳”，气象科普场所真正做到对外开放，气象科普人才队伍结构层次丰富，气象科普创作源源不断。通过政府主导、部门推动，全省各地高度重视气象科普馆以及科普场所建设，近几年已建成了众多融合地方特色、主题丰富的气象科普馆。考虑到受众不同需求，有针对性地培养“气象科技首席传播专家”“气象科普知识宣传志愿者”“气象科普馆讲解员”3支各具特色的气象科普宣传队伍。重视气象科普产品开发应用，培养“苏苏”科普创客团队，结合当地需求和各单位特色，编写科普图书、研发互动展品展项、拍摄科普宣传短视频、绘制科普宣传图解、设计科普产品。

本书将近年来江苏气象部门的各类科普活动、科普产品、科普阵地等成果进行汇总，旨在与全国科普工作的策划者与开展者互相学习借鉴交流，深入贯彻落实《全民科学素质行动规划纲要（2021—2035年）》（见本书附录），持续丰富气象科普产品，扩大气象科普的影响力，让更多人了解气象、爱上气象，积极主动学习气象防灾减灾知识，提高防范气象灾害能力，提升应对气候变化意识，为减缓全球气候变暖、在全社会筑牢气象防灾减灾第一道防线贡献力量。

编者

2023年7月

目录

竺可桢先生
周光召
中国气象局 中国气象学会
江苏省气象局 江苏省气象学会 敬立
二〇〇三年三月二十三日

第 1 章

江苏气象科普阵地

气象科普阵地是指面向社会公众开展气象科学知识普及、宣传气象科技发展和气象文化的各类场所。近年来，江苏省气象局积极贯彻落实中国气象局和江苏省委省政府关于科普宣传工作的部署，科学制定全省科普工作发展规划，高效稳步推进科普阵地体系化建设，以中国北极阁气象博物馆为“圆心”向全省辐射，从气象科普馆到校园、社区，科普阵地规模不断扩大。

截至 2020 年，全省对公众开放气象主题科普馆共有 43 家，其中，除了 25 家常规的气象科普馆，还有 2 家气象博物馆（中国北极阁气象博物馆和中国南通气象博物馆）、12 家主题气象科普馆（如生态气象、气象防雷、气象防灾减灾等），4 家气象科普（游）园，开放总面积超 14000 m^2。

1.1 中国北极阁气象博物馆

北极阁是南京城内的一座丘陵，又名钦天山、鸡鸣山、鸡笼山，北依明城墙、玄武湖，西连鼓楼岗，东连覆舟山，南朝时为皇家苑囿之一。北极阁与气象的渊源历史悠久，早在南朝刘宋时，北极阁即建有“灵台候楼”，用以观天测候；明洪武年间（1385 年），朱元璋在此建“观象台”，又名“钦天台”，专门负责观察天文气象。1928 年，我国著名的气象学家、地理学家、教育家竺可桢选址北极阁建立中央研究院气象研究所，在此建立中国近现代第一个国家气象台。作为当时中央研究院 8 个研究所之一，在竺可桢的精心培育下，近代南京成为当时国内制作与发布天气预报、开展气象研究的中心，北极阁成为近现代中国气象科学人才的摇篮，被誉为近代中国气象事业的发祥地，在海内外气象学界都有着举足轻重的位置。

气象研究所在近代气象科学研究和气象人才培养方面成绩斐然。曾经在北极阁工作过的中国科学院院士有 7 位（竺可桢、涂长望、赵九章、程纯枢、陶诗言、高由禧、周秀骥）；“两弹一星功勋奖章”获得者有 2 位（赵九章、钱骥）。此外，国家最高科学技术奖获得者、中国科学院院士叶笃正在抗日战争期间曾就职于暂时搬迁重庆的研究所；美国气象协会（American Meteorological Society，AMS）院士郭晓岚也曾在北极阁工作过。

1954 年 11 月，江苏省气象局成立。自此，江苏省气象局一直耕耘于北极阁，为地方经济社会发展提供了坚实的气象服务保障。经过数个年代的发展，北极阁见证了气象事业从古到今的变革，2010 年 3 月，由中国气象局和江苏省人民政府共同立项建设、江苏省气象局承建的国内第一个气象专业性博物馆（中国北极阁气象博物馆）在南京市玄武区北极阁山建成并免费对外开放。

1.1.1　博物馆简介

中国北极阁气象博物馆将自然景观与气象历史文化交融，包含室外景观展区和室内展馆两大部分，主馆设于原中央研究院气象研究所建筑群内，总面积达 1300 m^2。博物馆通过模型、实物、史料、图片等展览形式，系统性地展示了从石器时代起一直到改革开放后，中国气象科学发展艰难而辉煌的历程，是全国有影响力的气象科技教育基地和学习园地，先后被授予多项荣誉称号（表 1.1）。

表 1.1　中国北极阁气象博物馆历年荣誉称号

<table>
<tr><th>授予年份</th><th>荣誉称号</th><th>授予单位</th></tr>
<tr><td>2010</td><td>2010—2014 年全国科普教育基地</td><td>中国科学技术协会</td></tr>
<tr><td>2015</td><td>2015—2019 年全国科普教育基地</td><td>中国科学技术协会</td></tr>
<tr><td>2016</td><td>2016 年全国优秀气象科普教育基地</td><td>中国气象学会</td></tr>
<tr><td rowspan="2">2017</td><td>2017 年全国优秀气象科普教育基地</td><td>中国气象学会</td></tr>
<tr><td>第一批全国中小学生研学实践教育基地</td><td>中华人民共和国教育部</td></tr>
<tr><td rowspan="2">2019</td><td>十大优秀气象科普基地</td><td>中国气象局</td></tr>
<tr><td>2019—2023 年江苏省科普教育基地</td><td>江苏省科学技术协会</td></tr>
<tr><td rowspan="4">2020</td><td>首批国家气象科普基地</td><td>中国气象局</td></tr>
<tr><td>2020 年江苏省优秀科普基地</td><td>江苏省科学技术协会</td></tr>
<tr><td>2020—2024 年第十五批南京市科普教育示范基地</td><td>南京市科学技术协会</td></tr>
<tr><td>2020 年全国优秀气象科普教育基地</td><td>中国气象学会</td></tr>
</table>

续表

授予年份	荣誉称号	授予单位
2021	2021—2025 年全国科普教育基地	中国科学技术协会
	2021 年全国优秀气象科普教育基地	中国气象学会
2022	首批全国“大思政课”实践教学基地	中华人民共和国教育部、 中华人民共和国科学技术部等
	江苏省爱国主义教育基地	中共江苏省委宣传部
	第四批南京市中小学生研学实践教育基地	南京市教育局
2023	全国科学家精神教育基地	中国科学技术协会

中国北极阁气象博物馆实行公众免预约、团队预约参观的政策。每年累计开放天数超过 200 d，年平均参观 3 万人次，开放方式有 3 种。

（1）每周五下午常态化免预约开放。2019 年 3 月 26 日以前，中国北极阁气象博物馆实行免费预约模式，之后博物馆实施每周五 14—17 时免预约的常态化开放政策。通过官方网站、微信公众号等途径发布博物馆开放信息，并配备专业讲解员与大学生志愿者。

（2）特定团体及重要接待。对企事业单位、中小学校开放团体预约参观，同时还接待各省（市）气象部门调研参观。曾接待浙江大学、南京信息工程大学、南京师范大学附属中学、南京田家炳高级中学等大中小学参观；曾接待全国各级政府相关部门及社会团体参观；曾接待韩国济州地方气象厅、世界气象组织（World Meteorological Organization，WMO）秘书长、国际交流生等外宾参观。

（3）主题活动日开放。在世界气象日、全国防灾减灾日、全国气象科技周以及全国科普日等重大节日和活动时，开展形式多样的气象科普活动。

走进北极阁气象博物馆的大门，是时任中国气象局局长郑国光题写的“中国北极阁气象博物馆”石碑（图 1.1），石碑西侧是由鸾凤风向仪、古测雨台、古代著名气象历史人物群雕、《相风赋》水景墙等组成的博物馆室外展区，占地面积超 400 m^2。

博物馆的室内展馆分“古代气象”“近代气象”“当代气象”和“现代气象科技展示厅”4 个展区，面积约 900 m^2。展馆建筑前身是竺可桢先生于 1930

图 1.1　时任中国气象局局长郑国光题写的石碑

年筹建的中央研究院气象研究所图书馆（图 1.2），于 2002 年被江苏省政府确定为省级文明保护单位。

图 1.2　原中央研究院气象研究所图书馆

古代气象展厅（图 1.3）：凝练介绍了石器时代及传说史、夏商西周、春秋战国、秦汉、三国至明代、清代前期 6 个发展时期，古人在风云变幻中前行的脚步和中国古代气象科学发展艰难而辉煌的历程。展品主要有：唐尧陶寺古观象台、夏商西周时代的观天场所、与气象相关的甲骨文卜辞、《天文气象杂占》《白猿风雨图》等。

图 1.3　古代气象展厅

近代气象展厅（图 1.4）：展示了清朝末年到新中国成立前夕，中国的气象事业逐步受到英、法、德、日、俄等国的影响，比较先进的气象技术也因之输入得以发展。与此同时，为了发展自己的气象事业，我国也相应地建立了中央观象台、气象研究所等机构，成立了中国气象学会，各地（包括私人）也陆续

图 1.4　近代气象展厅

兴办了一些地方气象机构。中国共产党在延安地区创建了解放区的气象事业。

当代气象展厅（图 1.5）：展示了当代中国气象事业历经初创（1949—1956 年）、大力建设和调整巩固（1957—1965 年）、“文化大革命”和改革开放 4 个发展阶段，逐渐形成的具有中国特色的气象管理体制：建成布局较合理的气象台站网，建立现代气象业务服务体系，取得一批重大科研成果，预报准确率有了明显提升。以防灾减灾为目的的气象服务工作，在经济发展、社会进步和国防建设中发挥了重要作用。

图 1.5　当代气象展厅

现代气象科技展示厅（图 1.6）：根据“公共气象、安全气象、资源气象”的发展理念，紧扣世界科学技术发展脉络，在回顾历史、弘扬气象文化的基础上，重点展示改革开放以来中国气象事业现代化建设的成就；展示气象工作的服务领域、服务能力、服务产品和服务水平；展现中国气象事业的发展理念和发展前景；展现气象人的科学精神和特有的气象文化。

图 1.6 现代气象科技展示厅

1.1.2 特色展品

1.1.2.1 气象历史人物群像

北极阁气象博物馆展现了中国气象历史发展中有重要地位的 8 位古代历史人物群像（图 1.7）：

（1）我国有文献可考的第一位军事气象大家——吕尚

吕尚，史书也称他为姜太公。他是传说史之后有文献可考的第一位军事气象大家。他创造出三十节气系统，为后来秦汉时期二十四节气的定型起到了先导作用。在他所著的《六韬》中，强调军事统帅和指挥要充分利用气象环境和天气变化，常规战法、特殊战术都离不开气象条件，他的军事气象思想给后世以深刻影响。

图 1.7　古代气象历史人物群像

（2）春秋时期齐国丞相——管仲

管仲是著名的政治家、经济家、军事家。他辅佐齐桓公“九合诸侯，一匡天下”，帮助齐桓公成为春秋时代第一个霸主。他认为：“春夏秋冬，阴阳之推移也。”他把气象知识应用于土地开发、农业抗灾，并制定了旱涝指标，规定旱涝等级和减税比例是世界最早的。他善于将气象用于军事征伐，提出“天时、地利、人和”著名的政治军事观点。而相传管仲所作《管子》中，有大量气象、天文、历法、地理、农业等各项科学知识，这些在科学史上弥足珍贵。

（3）西汉的思想家、政治家、教育家——董仲舒

董仲舒向汉武帝献“三人三策”，提出“罢黜百家，独尊儒术”，使儒家思想成为中国两千多年来的统治思想，著《董子文集》，书中《雨雹对》认为冰雹是“阴气挟阳气”造成的，用阴阳二气的推移、运动、切薄解释各种天气现象的产生，并对风的形成、雷电的产生等天气现象及云雨形成的物理过程作了科学阐述，他认为“寒有高下”，温度的垂直分布是不均匀的，因而引起雨、雪、

雹、霰的差别。这些理论在当时是领先于世界的。

（4）东汉重要的思想家——王充

王充所著的《论衡》可以说是我国古代的一本“百科全书”。在当时，汉儒思想体系是董仲舒提出的唯心主义哲学思想，其核心是“天人感应”说。而《论衡》从宇宙观上反对这种见解，针锋相对地提出：“气”是自然界原始物质的基础，天地万物，包括自然风雨、无生物、生物和人都因气而生。他对人与自然的关系、气象和自然灾害现象等问题均作出了唯物的解释。对大气现象、天气气候成因，特别是对雷电风云的成因和龙卷等一些奇异自然现象做了实地调查和理论探讨，在当时科学水平上是很先进的理论成果。

（5）唐朝的太史令——李淳风

李淳风是世界上最早认识到安装测风仪器需要注意高度和周围的环境，并且制定了 0～11 级的风力等级表，比英国海军中尉的蒲福风力等级早了 1160 年。

（6）北宋时期著名的科学家、政治家——沈括

元朝修的《宋史》称赞沈括“博学善文，于天文、方志、律历、音乐、医药、卜算无所不能”。他所写的《梦溪笔谈》，被英国科技史专家李约瑟称为“中国科技史上的里程碑”。沈括在任司天监时曾改造浑仪、浮漏、景表等一些设备。他善于思考气象问题，预测天气演变，对虹霓、蜃气等大气光象作了科学解释。他用南北各地古生动物、植物化石说明沧海桑田的地理变化，推断地质和古气候变迁是世界最早的。

（7）南宋时期的数学家——秦九韶

古代用来量度雨水的仪器叫作圆罂测雨器，秦九韶将他长期积累的数学知识加以编辑写成了一套公式，代入圆罂的口径、腹径和底径，再加上量得的水的高度，就可以得出平地得雨之数了。

（8）清代民间发明家——黄履庄

1683 年黄履庄成功设计并制作了气象科学中最重要的两种仪器，验冷热器和验燥湿器，相当于现在的温度计和湿度计。燥湿器采用鹿肠线吸湿松弛、干燥收缩的原理；因为一些史书和文献的失传，现在无法得知当时验冷热器的原理了。在黄履庄发明之后一百多年，瑞士人霍・索修尔才发明了毛发湿度计。

图 1.8　旷观碑

图 1.9　乾隆测雨器

1.1.2.2　旷观碑

康熙二十四年（1685 年），康熙帝登上鸡笼山，站在观象台上俯瞰玄武湖，心旷神怡，欣然提笔写了“旷观”二字。这年冬，两江总督王新命、安徽巡抚薛柱斗等官吏，为纪念康熙来此，特在西峰上建万寿阁与御碑亭，并立一碑，碑通高 2.70 m，碑身高 2.01 m，宽 0.86 m，厚 0.19 m，底座高 0.69 m，宽 1.08 m，厚 0.41 m，碑额为“旷观碑记”，碑文记载了康熙巡游经过。后期，碑身被推倒摔成三段。1987 年，江苏省文管部门与江苏省气象局扶起接上，但碑文已模糊难辨（图 1.8）。

1.1.2.3　乾隆测雨器

乾隆测雨器是清乾隆年间（1770 年）造的雨量器，由黄铜铸造，为圆筒形，筒高一尺五寸[①]，圆径七寸，置于测台上，用于量雨（图 1.9）。有一种说法认为世界上最早的雨量

① 尺和寸为中国制长度度量单位，1 尺=10 寸，1 寸≈0.033 m，一尺五寸约为 0.5 m。

器是朝鲜 1442 年发明的，而我国宋朝的秦九韶在之前的 200 多年就制定出关于雨量测量的一套完整的数学计算方法，该方法详细记录于他 1247 年写成的《数书九章》中。据史料考证，向朝廷上报雨泽最早始于秦代，秦代要求国民向朝廷上报雨水情况，是作为一种律法公布的，但当时对雨量的测量和雨量器的使用并没有统一的规定。

1.1.2.4 观象台旧址

1928 年，竺可桢先生受命于民国中央政府，筹建中央研究院气象研究所，他看中了北极阁山的地理条件，选定这里为研究所的地点，并在原北极阁遗址上新建了一座三层高的观象台（图 1.10），20 世纪 80 年代又加建了第四层（图 1.11）。北极阁观象台呈六角形，底楼外有六根粗水泥圆柱支撑，楼上围以石栏。当年，竺可桢先生带领着团队，在这里开创了中国现代气象观测、物候观测和天气预报业务以及气象科学研究。

图 1.10　1928 年竺可桢先生筹建的北极阁观象台

北极阁观象台前屹立着竺可桢先生雕塑（图 1.12）。为纪念世界气象日（每年的 3 月 23 日），该雕像于 2003 年 3 月 23 日立成，总高 3.23 m。雕像下面底座长和宽分别为 3.7 m 和 2.7 m，分别代表竺可桢先生的生辰和逝世日，上面高台长宽分别为 1.928 m 和 1.946 m，寓意竺可桢先生于 1928—1946 年任中央研究院气象研究所所长。底层高为 19 cm，代表竺先生任气象研究所所长 19 年，中间高台高 84 cm，寓意着竺先生的年龄 84 岁。雕塑为竺可桢先生 50 多岁时的样子，手握一书卷，侧面而立，胸有大志而面容慈祥。

图 1.11　北极阁观象台现状

图 1.12　北极阁观象台前屹立着的竺可桢先生雕塑

1.1.2.5　日晷和月晷

日晷为我国古代利用日影测定时刻的一种计时仪器（图 1.13a），它是由铜制的指针和石制的圆盘组成，铜制的指针叫晷针，垂直地穿过圆盘中心，石制的圆盘叫晷面，安放在石台上，呈南高北低，使晷面平行于天赤道面，这样晷针上端指向北天极，下方指向南天极，晷面刻有时间刻度，当太阳光照到日晷上时，晷针的影子就会投向晷面，移动着的影子就好像我们使用的钟表的指针，晷面则相当于表面。2008 年北京奥运会有一个场景就是将日晷同现代时间相结合，显示了我国古老的文化底蕴。

图 1.13　日晷（a）和月晷（b）

月晷是通过观测月亮方向变化来测定时刻的一种仪器（图 1.13b），它由两个同心圆盘和一个中心游表组成。内盘标有农历初一到三十的日期，称为日盘，外盘标有十二个时辰，叫时盘，游表是用来对着月亮指示时刻的。月晷可以弥补日晷只能在白天使用的这一缺点，然而月亮并非每晚都出现，并且它的轨道变化极为复杂，因此，准确率比较低。

图 1.14　蔡元培先生为气象研究所图书馆所题对联

1.1.2.6　蔡元培先生为气象研究所图书馆题写的对联

“楼外山川知是何年图画，槛前烟雨须看此日天工”，这两副门联高约 2.83 m，宽约 0.3 m，是时任中央研究院院长蔡元培先生为气象研究所图书馆所题对联（图 1.14）。

1.1.2.7　涂长望、竺可桢先生遗物

涂长望先生是我国著名气象学家，曾任中国气象局首任局长，是中国现代气象事业的开拓者和奠基人之一。他的夫人王回珠女士得知

中国北极阁气象博物馆建馆消息后，捐赠了涂长望先生生前一直珍藏使用的湿度表和温度表（图 1.15）。

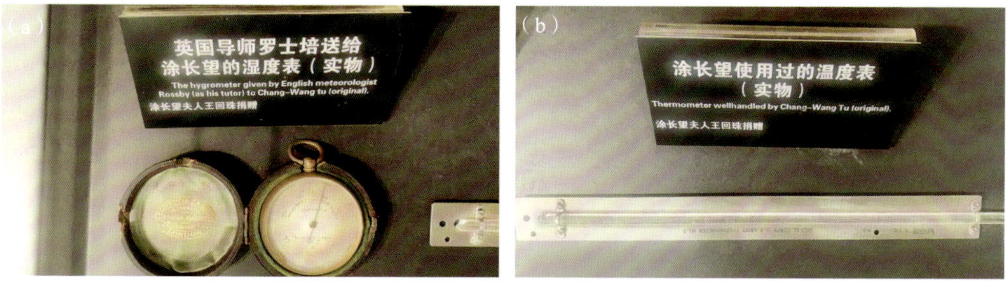

图 1.15　英国导师罗士培教授赠予涂长望先生的湿度表（a）和涂长望使用过的温度表（b）

这只湿度表是涂长望先生的导师——英国利物浦大学著名地理学家罗士培教授（Percy maude Roxby）赠予的。1934 年秋，涂长望先生接到竺可桢教授的电邀，断然放弃博士学位考评回国，罗士培先生非常惋惜自己得意门生不能留下来完成博士论文，临行前便送了他一只精美的微型湿度表作纪念，涂长望先生一直珍藏在身边。

此外，博物馆还珍藏着竺可桢先生生前使用过的眼镜和笔砚（图 1.16）。

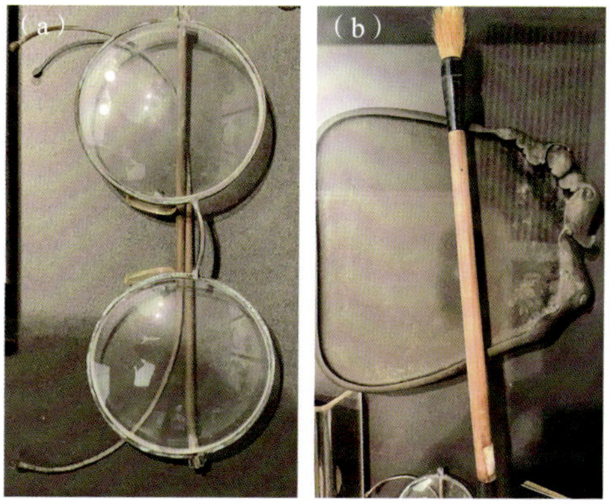

图 1.16　竺可桢先生生前使用过的眼镜（a）和笔砚（b）

1.2　市区级气象科普场馆

1.2.1　分布概况

气象科普场馆是气象科普落到实处的重要渠道之一，也是气象科普的主阵地。气象科普场馆对于科普活动的开展、科普教育的推广、应急科普的宣传等都有重要的意义。

得益于江苏的经济优势和对科普工作的重视，江苏无论在气象类科普场馆的建设数量还是质量上，在全国均处于比较领先的地位。截至 2019 年，江苏省 13 地（市）中，至少各有 1 个专门气象科普场馆，这些专门气象科普场馆大部分是依托于当地气象局建设的，因此，局馆分离的气象科普馆占比相对较少。场馆规模上，大部分气象科普场馆面积在 100～400 m^2，4 家面积小于 100 m^2，8 家面积大于 500 m^2，面积最大的是泰州姜堰气象科普游园（3263 m^2），面积最小的是无锡江阴新桥镇黄河社区气象防灾避险科普馆，仅有 30 m^2；在开放方式与开放时间上，截至 2019 年，仅有 5 家气象科普场馆（泰州姜堰气象科普游园、中国南通气象博物馆、泗洪生态 · 气象科普馆、江宁气象科普馆和江宁台创园野外气象科普吧）接受散客参观（表 1.2），其余基本只接受团体预约以及在“3 · 23 世界气象日”等固定日期对外开放。

表 1.2　江苏省气象科普场馆及开放方式一览（不完全记录）

城市	场馆名称	地址	开放方式
南京	高淳生态 · 气候科学馆	南京市高淳区淳溪街道宝塔路 390 号	预约及定期开放
	江宁气象科普馆	南京市江宁区宏运大道 4688 号	工作日周一、周三、周五散客随时参观；其他时间预约及定期开放
	江宁台创园野外气象科普吧	南京市江宁区科一路与生物谷大道交叉口东北 280 m	公园
	浦口气象防灾科普馆	浦口区江浦街道沿山大道 236 号	预约及定期开放
苏州	张家港市气象科普馆	张家港市沙洲东路	预约及定期开放
	昆山气象防雷科普馆	昆山市昆太路 398 号	预约及定期开放
	苏州市（相城）气象科普园	苏州市相城区春秋路 1 号	预约及定期开放
无锡	无锡气象科普馆	无锡市锡山区东亭南区间横路 9 号	预约及定期开放
	江阴气象科普馆	江阴市大桥南路 9 号	预约及定期开放

续表

城市	场馆名称	地址	开放方式
无锡	新桥镇黄河社区气象防灾避险科普馆	江阴市新桥镇黄河社区	预约及定期开放
	宜兴市气象局气象科普馆	宜兴市气象局（宜兴市龙潭东路 101 号）	预约及定期开放
常州	常州气象科普馆	常州市新北区太湖西路 120 号	预约及定期开放
	溧阳市气象科普馆	溧阳市溧城镇东升路 69 号	预约及定期开放
镇江	句容市气象局科普馆	句容市华阳镇句容市气象局院内	预约及定期开放
扬州	仪征市气象科普园	仪征市真州镇永庆村永和路 6 号	预约及定期开放
	扬州市中小学素质教育实践基地（杨寿）气象馆	邗江区杨寿镇曹家铺	预约及定期开放
泰州	靖江市气象科普馆	靖江市康兴路 60 号靖江市气象局内	预约及定期开放
	泰兴市气象局气象科普馆	泰兴市辅南路东首泰兴市气象局院内	预约及定期开放
	姜堰气象科普游园	姜堰区东海路与古田路交叉路口（气象局南侧）	公园
南通	中国南通气象博物馆	江苏省南通市园林路 323 号	预约及定期开放；每周五下午散客随时参观
	如东农业气象科普基地	如东县掘港镇长江路与武夷山路路口（气象局内）	预约及定期开放
盐城	盐城市气象科普馆	盐城市大庆中路 33 号	预约及定期开放
	响水县气象科普馆	江苏响水经济开发区葛庄村	预约及定期开放
	滨海县气象科普馆	滨海县东坎镇孟杨社区 4 组	预约及定期开放
宿迁	泗洪生态·气象科普馆	江苏省宿迁市泗洪县青阳镇建设北路	散客随时参观

续表

城市	场馆名称	地址	开放方式
徐州	徐州九里山气象科普馆	九里山雷达站	预约及定期开放
	沛县气象科普馆	沛县气象局（沛县经济开发区韩信路西段 11 号）	预约及定期开放
连云港	连云港花果山气象科普馆	连云港市花果山景区金牛顶	预约及定期开放

江苏省气象科普场馆一直稳定有序发展，但无论是常规的场馆还是特色场馆，在运行和建设过程中也存在一些共性问题，如绝大多数气象科普场馆由气象部门自建，且免费开放，场馆建成和日常维持的花费主要由气象部门自身承担，相应的经费负担较大；展品、展项内容缺乏更新，体验互动的形式也存在同质化严重的问题；学科专业人才、高水平的讲解员等缺乏，加上志愿者招募困难、人员知识老化等问题，直接制约了科普场馆服务能力和创新能力的提高，在区县一级气象部门这样的问题尤为突出。

1.2.2 典型场馆介绍

1.2.2.1 常州气象科普馆

常州气象科普馆是由常州市气象局投资兴建的互动型科普场馆（图 1.17），于2013年3月23日落成开放，馆内面积达600 m^2，拥有科普仪器设备200套，展板 50 块，科普展示实物、标本模型 100 件，科普书籍 6000 册。馆内展示了气候变迁、气象科技、大气环流、气象灾害防御、新能源与气象、气象监测、气象预报和气象现代化建设等知识内容。展示方式突破传统的展示观念和方式，创新“实训”特色，充分利用场地空间，打造“气象魔方屋”为主题的科技互动型科普馆。气象科普馆展示内容丰富，趣味性、互动性强，参观学生兴趣盎然、流连忘返。常州气象科普馆致力于建设面向全市青少年的气象科学普及教育基地，培养青少年爱科学、爱探索的精神，着力提高全民气象科学素质和气象灾害防御能力。

图 1.17　常州气象科普馆

1.2.2.2　盐城市气象科普馆

盐城市气象科普馆于 2008 年 4 月正式向公众免费开放，共设盐城灾害性天气、天气预报制作发布、气象事业发展历程及互动设备、环幕立体影院等 9 个展区，总面积 1100 m^2，集气象科普、宣传、教育、展示等功能于一体。2021 年 11 月盐城市气象科普馆新馆正式投入运行（图 1.18），新馆由展示馆、形象大厅、科普互动馆、沙盘展示厅等部分组成，是在原有基础上引进最新气象科普技术和产品，实现了盐城新老气象科普的迭代，它不仅是对气象文化的一种有益补充，更是全面展现新时期盐城气象事业发展的重要窗口。

盐城市气象局依托气象科普馆，开展了一系列活泼生动、内容丰富的气象科普宣传，多次联合《盐城晚报》组织小记者到气象科普馆开展“探天机、知气象”活动，邀请政府部门、媒体、学校师生团队参观气象科普馆；同时积极打造实体科普馆、网上科普馆、移动科普馆“三馆合一”的宣传平台，充分利用“3・23”世界气象日、“5・12”防灾减灾日、科普宣传周等重点时段，开

图 1.18 盐城市气象科普馆新馆

展“气象科普进百镇千村万户”“气象科普校园行”等系列活动，使气象防灾减灾、应对气候变化等科普知识更加融入生活、深入人心。盐城市气象科普馆被评为全国科普教育基地、江苏省科普教育基地、全国气象科普教育基地，盐城市气象局还荣获全国气象科普教育先进单位、盐城市全民科学素质工作先进集体等荣誉称号。

1.2.2.3 江宁台创园野外气象科普吧

江宁台创园野外气象科普吧是南京市江宁区气象局与江宁区台湾农民创业园联合创建的户外科普阵地（图 1.19），于 2019 年 10 月正式投入运行，是江苏省首个青少年社会大型综合野外气象科普实践基地，集气象观测、预报预警信息发布、科普宣传教育、气象业务体验及农业气象物联网互动展示为一体，兼具知识性、趣味性、互动性的科普游乐场所。占地面积约 4000 m^2，以二十四节气灯塔为中心，分别设立古代气象仪器展示区、现代气象仪器展示及体验区、观云识天体验区、人工影响天气展示及体验区、八大行星展示区和农业气象物联网互动展示区 7 个主题展区，实景展示了古代气象观测设备如圭表、日晷、测雨台、相风乌等，现代观测设备如百叶箱、风速仪、雨量计、能见度仪等，包含二十四节气、太阳系与八大行星、云柱、气象卫星模型等展项，全方位进行气象知识的科学普及。

图 1.19　江宁台创园野外气象科普吧

1.2.2.4　南京市浦口气象防灾科普馆

南京市浦口气象防灾科普馆为江苏省气象局与浦口区政府双方共建项目，是全省防灾减灾科普重要示范基地，也是江苏省首个气象防灾科普馆（图 1.20）。展馆面积 1000 m^2，设有序厅、走进浦口、认知灾害、预警发布、灾害避险、3D 影院等 10 个主题展区，运用虚拟现实、多媒体信息等技术手段，从气象发展史、气象灾害特点及防御等方面宣传气象知识，致力提高公众气象防灾减灾的意识与技能。作为防灾专题馆曾获得“南京市科普教育示范基地”“新时代文明实践示范基地”“浦口区科普教育示范基地”“全国气象科普教育基地”等称号。

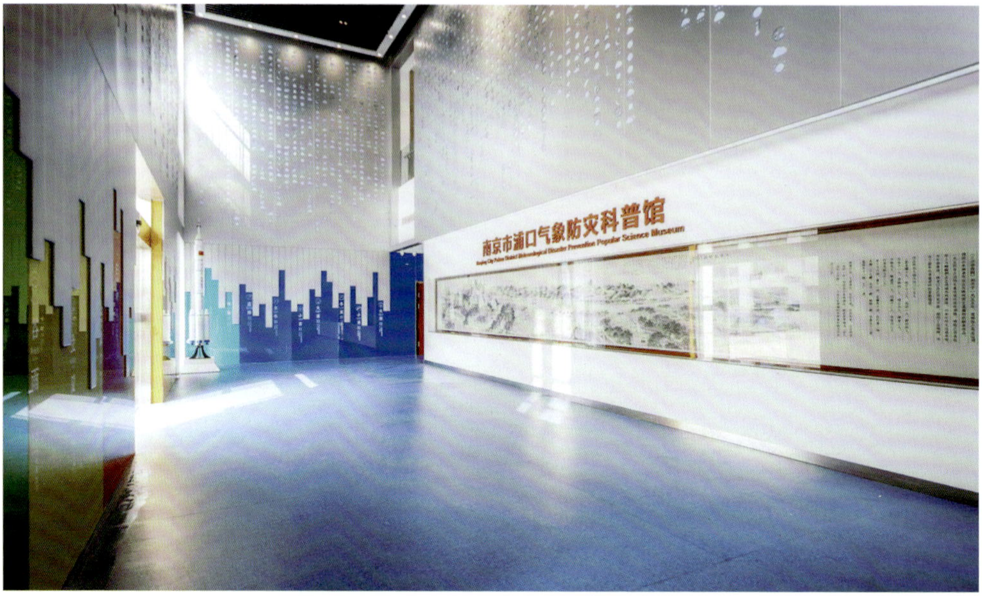

图 1.20　南京市浦口气象防灾科普馆

1.3　省内全国气象科普教育基地

1.3.1　省内概况

全国气象科普教育基地是指以面向社会公众开展气象科学知识普及、宣传气象科技发展和具有专业特色气象文化为主要内容，具有良好引导示范作用的各种场所的总称。由中国气象局、中国气象学会命名，分为综合类科普基地、示范校园气象站和基层防灾减灾社区（乡镇）三大类，申报评审工作每两年开展一次。截至 2022 年，江苏共有 24 家单位入选了全国气象科普教育基地（表 1.3）。

综合类科普基地申报范围包括：联合社会力量共建或独立兴建的具有气象科普展示、教育功能的科技、文化、教育类公共科技教育活动场所；气象行业中具有气象科技展示、教育功能的气象业务、科研场所，如气象台（站）、观测场（站）、雷达站等；气象相关科研机构和大学面向公众开放的实验室、陈列室、科研中心或野外观测站、农业试验站等。

示范校园气象站类申报范围包括：建有校园气象站并依托校园气象站开展气象科普活动的各类学校。

基层防灾减灾社区（乡镇）类申报范围包括：积极促进气象预警信息传播，面向居民开展气象科普宣传，有效提高公众应用气象信息和防灾减灾能力的城市社区或乡镇。

表 1.3　江苏省入选全国气象科普教育基地的 24 家场所名单

序号	基地名称	所在地
综合类	中国北极阁气象博物馆	南京
	南京信息工程大学	南京
	南京市浦口区气象局	南京
	南京市溧水区气象局	南京
	南京市江宁区气象局	南京
	解放军理工大学气象学院气象科普教育实习基地	南京
	江苏省高淳县气象局	南京
	徐州市气象台（原为徐州市气象局）	徐州
	宿迁市气象局	宿迁
	泗洪生态・气象科普馆	宿迁
	南通市气象局	南通
	连云港花果山气象科普馆	连云港
	昆山市气象局	苏州
	苏州市气象局（原为苏州市气象台）	苏州
	句容市气象局	镇江
	淮安市气象局	淮安
	常州气象科普馆	常州
	东台市气象局	盐城
	盐城市盐都区气象局	盐城
	盐城市气象科普馆	盐城
示范校园气象站	江苏省昆山市城北中心小学校	苏州
	江苏省丹阳市华南实验学校	镇江
	淮安市楚州实验小学	淮安
	南京田家炳高级中学	南京

1.3.2 代表性教育基地介绍

1.3.2.1 泗洪生态·气象科普馆

泗洪生态·气象科普馆是一个面向全社会的气象科普知识教育场所（图1.21），建筑面积约 280 m^2，整个展馆以“水韵泗洪，气象万千”为展示主题，分为 7 个功能厅，共 39 个展项。展馆通过声、光、电，以及计算机、多媒体、网络等现代技术，利用图版、视频播放、多媒体动画、模型演示、交互游戏、互动体验等多元化的手段，将知识性、趣味性和参与性有机地融合为一体，系统地介绍气象科学知识、防灾减灾知识和洪泽湖湿地生态知识。

泗洪生态·气象科普馆的落成开馆，是气象现代化体系建设成果的展示，是气象部门服务地方社会经济发展一个重要助推力。未来将不断充实完善科普馆内容，制定科学的管理制度，充分发挥科普馆的功能，努力把科普馆打造成为全县重要科普教育基地，成为泗洪湿地生态文明以及气象部门对外宣传的窗口之一。

图 1.21 泗洪生态·气象科普馆

1.3.2.2 连云港花果山气象科普馆

连云港花果山气象科普馆坐落在全国闻名的花果山风景区金牛岭、云台山新一代天气雷达站内，由连云港市气象局筹建，于 2004 年 9 月 16 日开馆。凭借优越的位置和展品特色，2012 年被授予“全国科普教育基地”。2015 年 3 月由连云港市气象局重新装修后再次对外开放，馆内利用声、光、电，以及计算机、多媒体等现代展示技术，通过动画、模型演示、实物展示、交互游戏和互动体验等多元化的形式，生动介绍了人类观天历史、世界气候及本地气候、人工影响天气、天气预报和天气现象等气象科普和防灾减灾知识。

1.3.2.3　南京田家炳高级中学示范校园气象站

南京田家炳高级中学是被教育部、科技部等八部委评为全国科技教育创新十佳学校；是江苏省首批科学教育特色学校，江苏省科学教育综合示范学校，江苏省科技教育课程基地，江苏省示范校园气象站（图 1.22），江苏省首批 STEM[①] 项目试点学校，南京市科技教育“星光基地”。学校的科技教育一直走在全省乃至全国的前列。学校每年均安排高一年级全体学生参观中国北极阁气象博物馆、南京市气象台；听取专家讲座、报告，参与模拟气象预报等；每年 3 月 23 日举行世界气象日活动；邀请气象专家到学校为学生开设气象科普讲座、授课；气象社团每周活动一次，设计活动方案，详细记录活动过程，并且撰写研究报告。学校的科学探究活动多次获得全国青少年科技创新大赛大奖。

图 1.22　南京田家炳高级中学示范校园气象站

① STEM 是科学（Science）、技术（Technology）、工程（Engineering）、数学（Mathematics）4 门学科英文首字母的缩写，其中科学在于认识世界、解释自然界的客观规律；技术和工程则是在尊重自然规律的基础上改造世界、实现与自然界的和谐共处、解决社会发展过程中遇到的难题；数学则作为技术与工程学科的基础工具。2016 年中国教育部出台的《教育信息化“十三五”规划》中首次提出探索 STEM 教育。

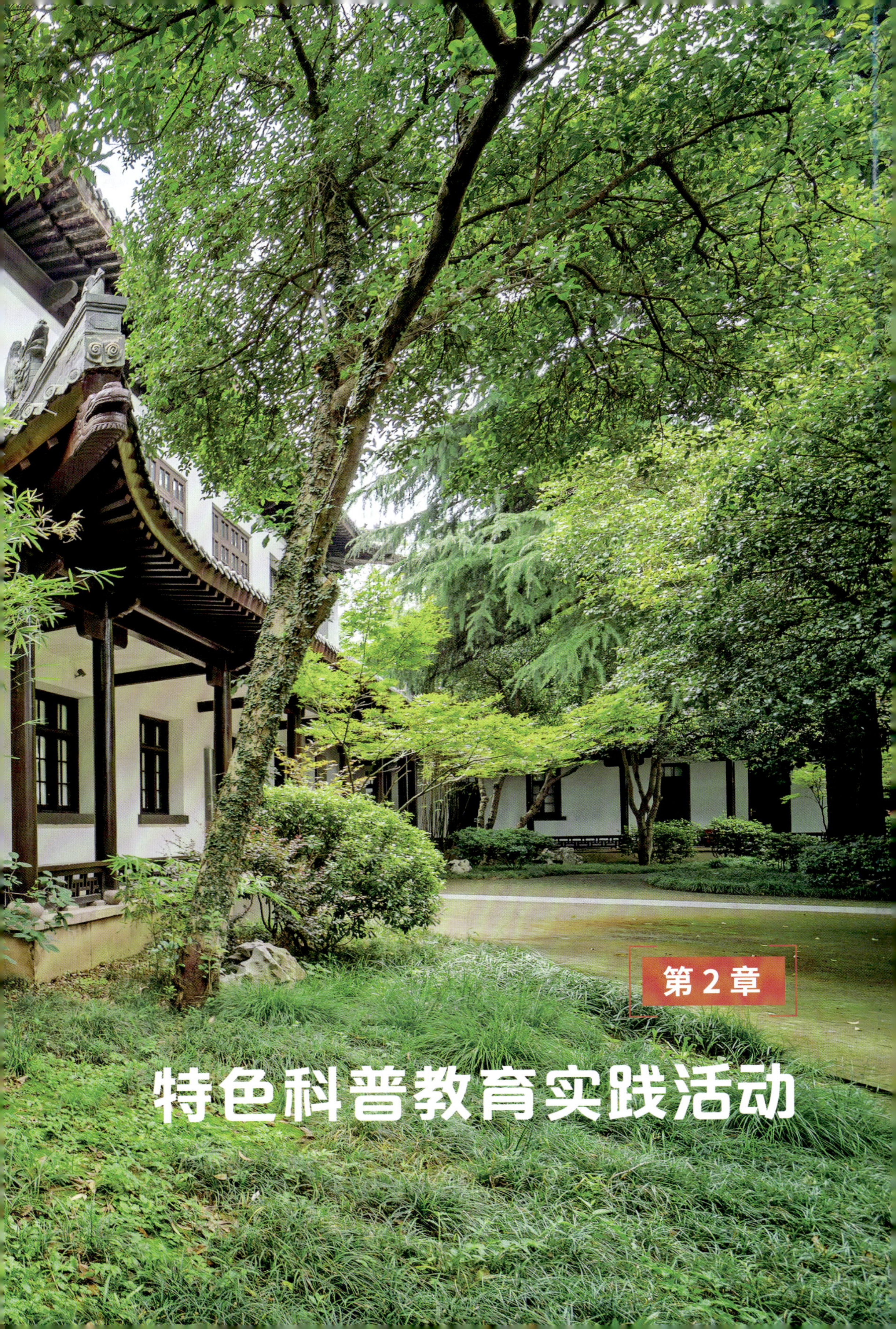

第2章 特色科普教育实践活动

2.1 中国北极阁气象博物馆研学营

图 2.1　中国北极阁气象博物馆研学营活动预告海报

中国北极阁气象博物馆研学营是博物馆面向 6～18 岁中小学生长期举办的一项公益特色亲子活动，其理念为打造校外第二科学课堂，结合北极阁气象科普基地的优势与资源，化传统单一参观模式为参观结合实物教学的沉浸式教育模式。自 2019 年起，已经举办了 30 余期，受到学生家长的一致好评。江苏省气象学会根据天气变化与近期公众关注的气象热点问题设置不同活动主题，并不定期在微信公众号“江苏省气象学会”上发布活动预告（图 2.1），为保证研学效果和参观安全性，一次活动限制人数为 50 人。

研学活动通常安排在周末，一次活动用时约 150 min，包含了博物馆现场教学、专家课堂教学、科普互动教学和结业仪式 4 个流程。每期活动的研学施教团队由气象科技传播专家 1 名、气象科普讲解员 1 名、气象科普专职培训讲师 1 名、志愿者 1～2 名和安保人员 2 名组成。

博物馆现场教学：参与者签到并统一着装后在讲解员的带领下完成博物馆室内和室外两个展区的参观学习，了解我国源远流长的气象发展史、北极阁在中国近代气象科学中的重要地位以及中国气象发展过程中的辉煌成就（图 2.2）。

图 2.2　参与者统一着装参加中国北极阁气象博物馆研学营活动

专家课堂教学：根据活动主题和参与人员的年龄与需求配套定制个性化课程内容，并特邀气象科技传播专家作专题讲座（图 2.3），历次课程主题有关于高温的那些事儿、大寒节气、雷暴知多少、梅雨、台风大灭霸、气候与水、江苏夏季的高温与台风、气象指数的奥秘、可怕的雾霾、天气预报发布及用语、你知道寒潮吗、天气预报是如何制作的、今年会是冷冬吗、梅子黄时雨等。同时，为加强互动性和检验授课效果，增设有奖抢答环节，让参与者在互动中了解气象前沿科技，学习防灾减灾知识，从而形成灾害避险防御常识。

图 2.3　气象专家主题讲座

科普互动教学：这是中国北极阁气象博物馆科普研学营活动的特色环节，通过气象科学实验、我是气象小主播、防灾减灾情景剧、气象闯关游戏（图 2.4）、手绘等方式与参与人员进行互动，寓教于乐，注重互动性与趣味性。

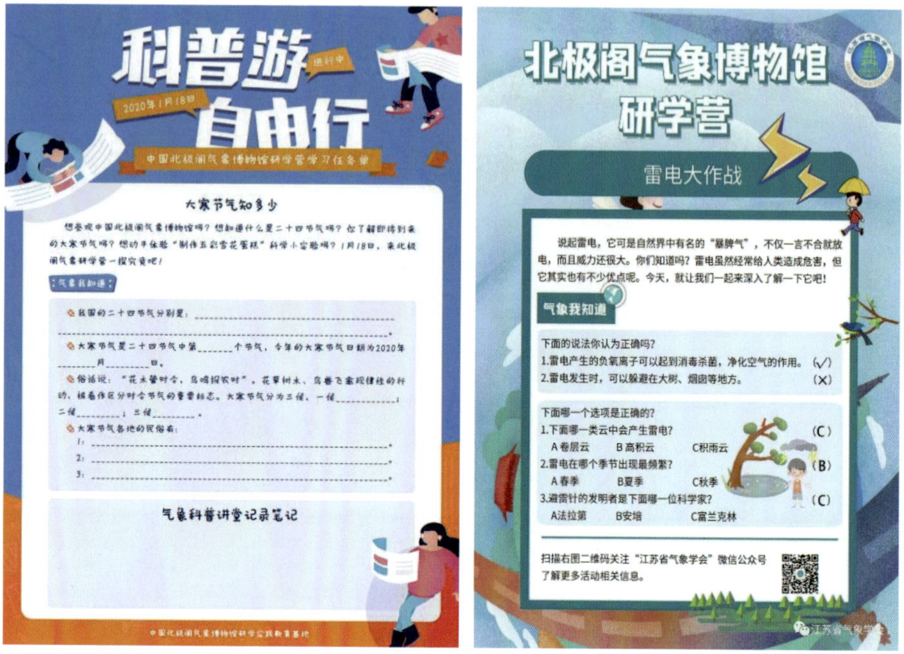

图 2.4　研学营闯关游戏中的配套答题卡片

气象科学实验（图 2.5）：这是最受欢迎的环节，通过选取生活中易获得的物品作为实验材料，将气象中复杂的原理通过类比等方式转换成简单的原理，直观地展现在学生眼前，旨在加强学生的思考能力与动手创造能力。在历次研学活动中先后完成了制作简易温度计、制作五彩雪花蛋糕、大气压强的存在、制作风向标、认识对流、玩转水精灵、纸杯走马灯、不会浸湿的纸巾、自制火龙卷、风的形成等气象科学实验主题。

图 2.5　气象科学试验活动现场

结业仪式：研学课堂结束后，向参加活动的各位小朋友们分发实践证明、北极阁观象台立体拼图、气象科普读物等纪念品（图 2.6）。中国北极阁气象博物馆研学活动寓教于乐，可以在参与青少年的生活中留下美好的回忆，在他们的心田种下气象的种子。

图 2.6　结业仪式（a）和活动相关物料（b）

2.2　江苏省气象科普讲解大赛

科学普及的方式多种多样，其中，科普人员对科学知识的讲解都是不可缺少的。气象科普讲解大赛通过比赛宣传普及气象科学知识，倡导科学方法，传播科学思想，弘扬科学精神，提高气象科普讲解水平，提升气象科学传播能力，增强公众气象科学素质，让气象科技发展成果更多更广泛地惠及全体人民。

2.2.1　大赛概况

江苏省气象科普讲解大赛（图 2.7）由江苏省气象局、江苏省气象学会联合举办，参赛选手主要由江苏省气象学会各理事单位、江苏省各设区市气象局及各设区市气象学会、江苏省气象局各直属单位推荐本地区、本单位科普教育专（兼）职讲解人员参加。比赛采取自主命题讲解的方式，以气象科学知识、新技术、新成果为主要内容，自由选择题目进行讲解。讲解时，选手必须借助多媒体（PPT 或视频）等多种手段辅助进行讲解，丰富了舞台效果。评委分别从内容陈述、表达效果、整体形象三方面进行评分。其中内容陈述方面约占总分的 50%，要求必须科学准确、重点突出、层次清楚、合乎逻辑；表达效果方面约占 30%，要求发音标准、吐字清晰、通俗易懂、深入浅出；整体形象方面约占总分的 20%，要求衣着得体、精神饱满、举止大方、自然协调。

图 2.7　江苏省气象科普讲解大赛参赛选手与评委合影

2.2.2　历年参赛及获奖情况

每年经过选手申报、专家评审等环节，江苏省气象局从参加江苏省气象科普讲解比赛选手中遴选优秀者，推荐气象科普达人参加全国气象科普讲解比赛，江苏省、南京市科普讲解比赛。江苏省气象局遴选的参赛选手在全国气象科普讲解比赛（图 2.8 和图 2.9）和省级（图 2.10）、市级科普讲解比赛中屡次获奖。

图 2.8　江苏省气象服务中心选手袁心仪先后获得 2022 年江苏省、全国气象科普讲解大赛一等奖

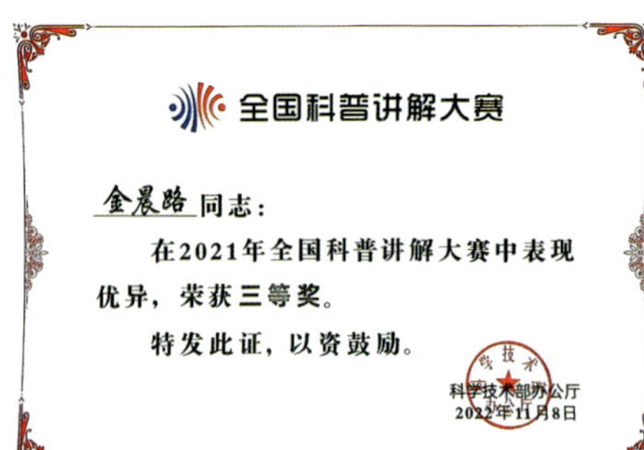
全国科普讲解大赛

金晨路同志：

在2021年全国科普讲解大赛中表现优异，荣获三等奖。

特发此证，以资鼓励。

科学技术部办公厅
2022年11月8日

图 2.9　南京市气象局选手金晨路讲解的《天气预报，您读懂了吗？》先后获得 2021 年江苏省、全国气象科普讲解大赛一等奖及科技部全国科普讲解大赛三等奖

图 2.10　中国北极阁气象博物馆选手张洁（右二）获评江苏省第四届科普讲解比赛二等奖

2.2.3　优秀讲解作品案例

（1）《天气预报，您读懂了吗？》讲解词——金晨路

大家好，我是你们的老朋友，“天气预报”。明天穿什么？出门要不要带伞？人们总要问问我的意见。作为大家的生活小帮手，我也会认真回答。但偶尔还是会听到些对我的抱怨，说我“乱报”。有时候我真的很委屈，不是我报得不准，是你不懂我的心，今天我带来了三条网友的留言，想请在座的各位听听我的心声。

留言一。昨天晚间天气预报说，18 日天气是小雨转多云，今天一点雨也没下，害我伞都白带了。说到这我就忍不住要解释一下了。生活中以北京时间 00 时到 24 时为一天。但气象上，则是以世界时划分，也就是说，我的一天是从前一天 20 时开始到当天 20 时结束。精细化预报中，每个时间用语都对应各自的时间段。比如你们常听到的，今天夜里，是指 20 时到次日 08 时，明天白天是 08 时到 20 时。回应刚刚那位网友说的，18 日天气是小雨转多云，则代表 17 日 20 时至 18 日 08 时的天气是小雨，而 18 日 08 时至 20 时天气就转为多云了。所以如果您第二天出门发现没下雨，并不是我报得不准，只是我的时间和人们的常规认识存在偏差。炎炎夏日天气多变，吐槽我的声音也变得多了起来。

这不，前几天我收到一位小伙伴发来的私信，他是这样说的：“你们天气预报不是说中雨吗，但雨怎么会这么大！”哎，我可真是冤枉啊。她所说的大雨和我说的中雨其实是雨强和雨量两个不同的概念。雨强表示单位时段内的降雨量。雨强越大，雨下得越猛烈，但雨量不一定非常大。气象上关于降雨量等级是有严格定义的，绝非我随口而报。在 24 h 内如果下了 10 mm 的雨，那么这场雨还只是“中雨”级别。但假设这 10 mm 雨在短短 10 min 内下完，感受可就天壤之别了：这里，我们可以说雨强大，但雨量仍然是中雨量级。同样值得注意的是，绵绵细雨下 24 h，也可能会形成暴雨哦。如今，为了加以区分，对于这种 1 h 降雨量超过 20 mm 的强对流天气，我会贴心地加上“短时强降雨”几个字，看到它您就要格外留心了。

我们再来听听第三条留言：“你们天气预报说，明天‘阴有时有雨’，听上去啰里吧嗦。我就想知道，这雨到底是下还是不下？”我非常理解这位朋友的心情，但为了全面、准确地反映天气情况，有些字不能省。“阴有时有雨”和“阴有雨”听上去相似，描述的却是不同的天气现象。“阴有时有雨”说明降雨概率较低，这雨可能下，也可能不下，即使下也是断断续续的，雨量比较微弱。而“阴有雨”则不同了，说明降雨概率大大提高，且降雨过程中无间断或间断不明显，其后面往往会加上雨量大小。

天气预报作为公众气象服务的基石，我的每句话都有着严格的规定和固定的格式，不能随意更改。希望通过我的讲解让更多的人能够轻松地读懂我，让科学更好地服务大众。假使下次再有对我不解的话语，也请在座的各位帮我说上一说。

（2）《不可小瞧的 1.1 ℃》讲解词——袁心仪

说到 1.1 ℃，你会想到什么？如果我们体温升高 1.1 ℃，可能需要吃颗退烧药了。那如果是全球变暖 1.1 ℃呢？联合国在 2021 年发布的气候评估报告中指出，当前全球平均气温相较于工业化前水平已经升高了约 1.1 ℃。

也许你会觉得，一百多年平均气温才升高 1.1 ℃，全球变暖似乎并没有那么严重。然而事实上，这样的气候背景已经加剧了各种极端天气气候事件。举个直观的例子，在没有人类活动影响下，极端高温天气本该 50 年发生 1 次；但在全球变暖的背景下，平均每 10 年就发生 1 次极端高温，就在 2022 年，人类刚刚经历了有完整气象观测记录以来的最热夏季；而如果全球平均气温继续升高，达到 2 ℃，那么极端高温将发生得更为频繁和剧烈。

更可怕的是，北极地区的升温更加迅速。我们刚刚所说的 1.1 ℃其实是指全球平均的结果，但如果放眼全世界，可以看到地球增温的幅度存在非常明显的空间不均匀性。在冰川世界，升温速度甚至可达到全球平均的 2～3 倍，科学界称之为“北极放大效应”，通俗来说，就是指北极比其他地区热得更快。

那么，北极热的更快会带来什么影响呢？我们首先能想到的就是冰川消融、海平面上升，但除此以外，它还会带来一个更加严重的后果——极端寒潮事件的频发。很多朋友又要好奇了，不是说全球变暖吗，怎么寒潮反而更多了呢？

我们都知道，北半球冷空气发源于中高纬度，在极地冷、赤道暖的气候格局下，它们之间就会形成一股实力强劲的西风带。西风带环绕着地球，就像一个栅栏，能够将冷空气牢牢地约束在中高纬度范围之内。只有在西风带“稍不注意”“打盹”的时候，冷空气才能“伺机”南下形成寒潮。但在全球变暖背景下，原有的平衡被打破：极地的升温幅度远远大于赤道地区，南北温差由此减小，西风带的势力就会减弱，因此，中高纬地区的冷空气也就更容易冲破围栏，且势力更强。这就是为什么近年来冷空气南下的强度越来越大。2016 年的霸王级寒潮甚至让广州市民经历了“家中赏雪”的“奢侈”体验。因此，看似对立的“全球变暖”和“极端寒潮事件”，它们其实并不矛盾。

在全球变暖的大背景下，未来极端天气气候或将成为绕不开的常态，在适应气候变化的同时，减缓全球变暖的步伐更是刻不容缓。发展低碳清洁能源、减少温室气体排放，改变生活方式、绿色低碳出行。让我们行动起来，一起为地球“降温”。

2.3　江苏省安全应急科普环省行

江苏省安全应急科普环省行由江苏省应急管理厅、江苏省人民防空办公室联合江苏省卫生健康委员会、江苏省科学技术协会、江苏省红十字会、江苏省地震局、江苏省消防救援总队、江苏省气象学会、江苏省预防医学会和江苏省室内环境污染防治学会共同主办，旨在传播安全应急知识，提高自救互救技能。截至 2023 年，活动已经开展 8 年，科普人群超过 6000 万人。这些年来，应急科普的形式一直在创新，通过文艺巡演、专家论坛（图 2.11）、科普电影、有奖竞答、互动体验等多种形式，扎实推进安全应急科普知识进机关、进企业、进学校、进社区、进家庭、进农村、进公共场所，唤起社会各界对公共安全风险的高度关注，增强公众公共安全意识和社会责任意识，在全社会形成关爱生命、关注安全的浓厚氛围，为推动江苏省高质量发展，“勇挑大梁、走在前列”，实现“两个率先”营造良好安全环境。

图 2.11　2021 年 12 月 3 日江苏省安全应急科普环省行——镇江站，江苏省气象学会秘书长孙燕和消防、卫健委的权威专家一起参与了访谈，他们和镜头前的观众共话冬季安全，畅聊气候、防火、防疫的相关知识

2023 年 3 月 23 日，江苏省安全应急科普环省行进校园暨世界气象日网络直播活动在南京举行（图 2.12），此次活动邀请了江苏省气象台副台长、正研级高级工程师王啸华，江苏省气候中心副主任、正研级高级工程师项瑛，南京信息工程大学气候与应用前沿研究院和智慧气象研究院院长、博士生导师罗京佳，大气科学学院副院长、博士生导师李青青 4 位专家对近年来频繁出现的极端天气进行解读，包括对全球气候变暖、气象防灾减灾、强对流天气监测预警、人工智能在气候预测中的应用、台风监测与预报“黑科技”等气象科学内容开展科普讲座，新华社现场云、百度等 10 余家平台对本次活动进行了全程直播，线上超 120 万人观看。

图 2.12　2023 年 3 月 23 日江苏省安全应急科普环省行进校园暨世界气象日网络直播活动现场

2.4　时空穿梭小巴士（南京科普游研学线路）

2021 年，以“百年再出发，迈向高水平科技自立自强”为主题的南京市玄武区全国科普日活动暨玄武区科普教育基地联盟成立仪式启动。南京古生物博物馆、中国北极阁气象博物馆、南京地质博物馆、紫金山天文台、六朝博物馆等 13 家玄武辖区内的国家级和省级科普教育基地，联合发起成立了玄武区科普教育基地联盟（简称联盟）。联盟将对玄武区各类科普教育基地的科普资源进行有效整合与应用，搭建合作与交流平台，实现科普资源共享共建、科普信息互惠互利、科普效应共创共赢，进一步推动玄武区科普活动的开展、科普作品（产品）的研发、媒体科普的提升和科普队伍建设。

玄武区科普教育基地联盟设计推出了 3 条科普旅游研学线路，包括时空穿梭小巴士（1 号线）、看我金陵风貌（2 号线）、海陆空冒险旅途（3 号线）。沿着时空穿梭小巴士的路线（图 2.13），游客可以在南京古生物博物馆回顾生命历史的波澜壮阔，在南京土壤所标本馆探索当下土壤的秘密，在中国北极阁气象博物馆探秘气象预报的神奇，在中国电信未来馆感受对未来的畅想，在英维特国际青少年创客中心感受将创意转变为现实的体验。

图 2.13 南京玄武科普游 1 号线——时空穿梭小巴士路线图

2.5 千乡万村气象科普行

千乡万村气象科普行是中国气象局结合气象系统“人民至上、生命至上”主题实践活动，联合中华人民共和国科学技术部、中国科学技术协会共同打造的全国性大型乡村气象科普主题活动，于 2022 年 3 月 23 日正式启动。活动旨在推动国家级优质气象科普资源与地方共享，促进气象科普工作向基层延伸，让气象科普进农村、进校园、进社区、进企事业单位等系列活动为桥梁，将气象科普有机融入气象为农服务；发挥气象科技优势，以科普促进农业气象科技成果的转化应用，助力乡村振兴；引导基层领导干部、人民群众利用气象信息趋利避害，提升农业农村的气象防灾减灾救灾能力。

2022 年 6 月，江苏省千乡万村气象科普行主场活动启动仪式在南京江宁台创园举行（图 2.14），此次活动由江苏省气象局、江苏省气象学会主办，以“播撒气象种子，赋能粮食安全”为主题，瞄准气象与种源质量、粮食安全的紧密关系，聚焦农业气象环境对农作物生长的影响及需要采取的必要防范措施，旨在提升农业农村农民的气象防灾减灾救灾意识和能力，有效促进粮食稳产增产、筑牢粮食安全防线。启动仪式现场还布置了气象野外科普吧展区，在工作人员的带领和讲解下，江宁区政府及有关单位、江宁区乡村网格员和种植农户代表详细参观了科普展项，进一步了解省（市、区）专业气象服务赋能农业生产的情况。随后，千乡万村气象科普行江苏主场活动陆续在南京江宁、宿迁、淮安等地深入开展，通过组织农业气象追“根”溯“源”技能大赛、农业气象科普知识讲座、“气象 + 网格”助力防灾减灾乡村科普培训等丰富多彩的活动，进一步推进气象科技助力乡村振兴，提高气象为农服务质量和效益，发挥气象科普工作服务保障粮食安全战略的积极作用。

图 2.14　千乡万村气象科普行江苏主场启动仪式

第 3 章

江苏气象科普团队

气象科普作为国家科普事业的重要分支，气象科普人才队伍建设非常重要。2018 年，中国气象局印发的《气象科普发展规划（2019—2025 年）》，将气象科普人才队伍建设工程列入五大重点任务之一，要求国家级、省级气象部门要明确专门的气象科普业务承担部门和专兼职业务、管理人员，组成一支业务精、管理强的专兼职气象科普队伍。截至 2021 年，江苏在全省范围内培养建设了四支各具特色的气象科普宣传队伍，成为全省气象科普宣传工作的生力军。

3.1 科普创客——“苏苏”

“苏苏”是江苏省气象局全力打造的科普品牌代言人（图 3.1），凭借萌态十足的漫画形象、有声有色的线下活动、精彩纷呈的科普话题、“苏苏说天气”等系列科普作品，架起了与公众互动的桥梁，积极传递气象科学知识，解读天气变化和自然灾害的规律，提醒公众采取适当的防范措施。它用通俗易懂的语言，深入浅出地讲解气象科学知识，深受广大公众的欢迎和喜爱，科普品牌影响力和辐射力持续增强。

“苏苏”漫画形象是以机器人为原型，通体天蓝色，并辅以黄色流线形纹路作为点缀。额头处设计的明黄色闪电符号，象征警示作用，体现气象部门在国家综合防灾减灾救灾中的职能定位。头顶的祥云，既是气象元素的重要体现，也表达了气象部门希望“风调雨顺、国泰民安”的美好祝愿。眼部佩戴 AR 眼罩，耳朵安装信号接收天线，象征现代气象监测能力和业务支撑能力，也表现出气象部门推进信息新技术在气象领域的应用，建立智能化观测体系的决心。整体设计具有科技感，体现智慧气象元

图 3.1 “苏苏”科普品牌的 IP 形象

素，与气象部门坚持科技引领，创新驱动的基本原则相吻合。

在“苏苏”背后，是江苏省气象局自 2014 年起打造的专职科普创客团队作为强力支撑（图 3.2），团队集合了气象、传媒、影视、平面设计等多元化人才，并已建立了相对成熟的运营模式和奖惩机制。该团队基于新媒体，紧密结合江苏重大天气、气候特征以及气象对各行各业的影响，及时推出有趣、“有料”“有温度”的科普短视频、网络专题、数据新闻、科普图解等优质气象科普产品，在 2019 年全国气象科普宣传观摩交流活动中荣获“十大气象科普创客”荣誉称号（图 3.3），成了名副其实的气象“网红”。

图 3.2　“苏苏”科普创客团队 5 名初创成员

获奖证书

苏 苏:

在2019年全国气象科普宣传观摩交流活动中获评“十大气象科普创客”。

特颁发证书。

中国气象局

二〇一九年十月

图 3.3　“苏苏”获评 2019 年“十大气象科普创客”

3.2　气象科技首席传播专家

气象科技首席传播专家队伍主要以工作经验丰富、气象理论水平高、知名度高、表达能力强的科研、业务专家为主，负责从事传播气象防灾减灾和气象科技发展前沿知识。同时，在重大天气过程和热点气象舆情事件等发生时，气象科技首席传播专家代表气象部门做出权威回应和宣传解读工作。

3.3　气象科普知识宣传志愿者

气象科普知识宣传志愿者队伍成员主要是气象部门一线科研业务骨干人员、

科研院所或高等院校与气象相关的高学历、高职称人员以及通过科普讲解大赛、科普创新创意大赛等挖掘出来的高素质气象爱好者，主要负责配合气象科普进校园、进社区、进企业、进农村等活动开展形式多样、通俗易懂的科普宣传讲解。

3.4 气象科普馆讲解员

气象科普馆讲解员队伍从当地气象部门培养兼职讲解员，其中，中国北极阁气象博物馆充分利用南京高校云集优势，招募气象专业领域大学生为气象科普讲解志愿者。江苏气象部门鼓励社会各界气象爱好者加入气象科普宣传队伍，为气象科普志愿者队伍注入新鲜血液。加强与主流媒体以及长期关注气象的记者组成的科普队伍合作，使其成为气象科普宣传新增力量。

第4章

创意气象科普作品

4.1 互动展品展项

4.1.1 线上北极阁博物馆漫游系统

2020年，江苏省气象学会正式上线了中国北极阁气象博物馆3D导览系统，公众通过进入微信公众号“江苏省气象学会”或电脑端访问官网（https://www.720yun.com/t/74vkuyrbg2m），即可在语音导览的带领下，720°全景浏览中国北极阁气象博物馆，实现了足不出户即可获得身临其境般的参观体验。

与实体馆静态的展示方式不同，线上博物馆具有较强的交互感。用户在主界面可实现室外和室内五大展区的任意地点多次游览，还能够通过随意旋转、放大、缩小展品展项更好地查看细节，同时也能满足在线点评、交流和转发分享等社交功能属性（图4.1）。新冠疫情防控期间，中国北极阁气象博物馆暂停了线下预约参观活动。为了满足大家对博物馆的热爱与好奇，江苏省气象学会持续优化“线上北极阁博物馆”的实景图片，实现了闭馆不闭展（图4.2）。

图4.1 中国北极阁气象博物馆漫游系统首页可自由切换展区

图 4.2 “线上北极阁博物馆”可更好地查看展品展项细节

2019 年，江苏省气象学会将线上博物馆的参观体验制作成名为《中国北极阁气象博物馆——古代气象之旅》的公益视频，让更多人能够深入了解气象历史，该作品同年获评第五届江苏省科普公益作品大赛（由江苏省科学技术协会、江苏省委宣传部、江苏省教育厅、江苏省文化厅、江苏省新闻出版广电局、共青团江苏省委 6 家单位共同主办）视频类二等奖。

“线上北极阁博物馆”不仅仅是将实体馆复制到互联网，它是实体馆社会价值的补充、扩展及延伸，是实体馆在互联网上的一扇窗口，它突破了时间和空间限制，向更多人展示气象历史，彰显气象科技，宣扬优秀的气象文化，让中国北极阁气象博物馆的千年气象历史文脉继续传承下去。

4.1.2 “天气的味道”移动甜品站

在 2019 年全国气象科普宣传观摩交流活动上，一辆名为“天气的味道”的甜品餐车吸引了众人目光（图 4.3），并获评中国气象局颁发的“全国十大气象科普优秀作品”。这是江苏省气象服务中心首创将美食与气象融合，打造的一款包含主题餐车、烘焙模具和天气小食的气象科普移动甜品站，将专业、复杂的天气符号和气象预警信号通过有趣、“有料”“有温度”的气象美食产品进行推广，自“2019 年全国科普日”江苏主场活动首秀便获得关注。

图 4.3 “天气的味道”气象科普移动甜品站在“2019 年全国科普日”江苏省主场活动现场受到小朋友喜爱

主题餐车：餐车整体外观活泼可爱（图 4.4），主体部分大小约 2.8 m× 1.1 m，采用模块化设计，拆卸、组装方便，易于运输，能满足不同科普场景的

图 4.4 “天气的味道”移动甜品站餐车外观

重复使用；餐车配备了嵌入式迷你冰箱、烤箱、棉花糖机、搅拌器等基本食品制作设备，还可根据具体需求优化配置；同时餐车搭载两台车载视频播放器，既可播放相关气象科普视频，又可内置小游戏用于观众互动。

饼干模具：设计制作了全系列 35 种天气符号和 49 种预警信号的饼干模具（图 4.5），主要用于烘焙饼干制作和对应天气现象、预警信息的宣传科普。天气符号模具尺寸视具体形状确定，3 cm × 3 cm 至 6 cm × 6 cm 不等，预警信号模具尺寸约 6 cm × 7 cm。模具材料选用食品级聚乳酸（PLA）。

图 4.5　天气符号和预警信号饼干模具（部分）

牛奶拉花模具：设计制作了 6 种气象元素的牛奶拉花模具（图 4.6 为其中的 3 种），主要用于牛奶拉花和对应气象元素的宣传科普。牛奶拉花模具尺寸约 7 cm × 8 cm，模具材料选用食品级 PET 塑料。

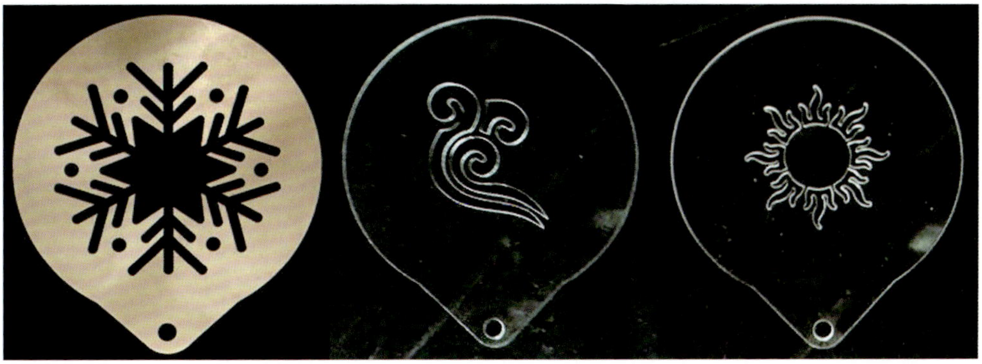

图 4.6　牛奶拉花模具（部分）

天气符号和预警信号饼干：将调制好的糖霜涂抹在天气符号模具烘焙出的

饼干表面，晾干后就是色香味俱全的天气符号饼干（图 4.7）。用红曲米、胡萝卜、南瓜和蝶豆花的果蔬粉调制出代表预警信号等级的红、橙、黄、蓝四色，拌入面团里，即可用模具压制出预警信号饼干（图 4.8）。

图 4.7　天气符号饼干（部分）

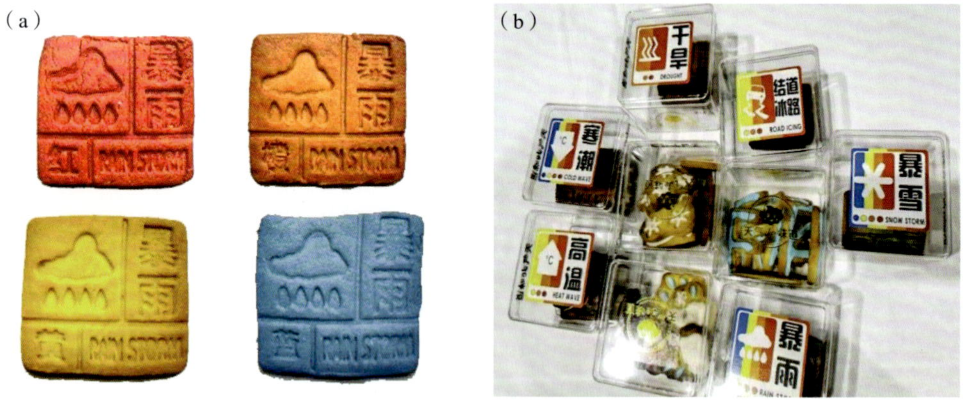

图 4.8　预警信号饼干（a）和包装盒（b）

此外，食品包装盒内附“饼干说明书”，以手册形式便于进行每种天气现象、预警信号的科普介绍（图 4.9），让公众在品尝美食的同时也能学习相关气象知识。

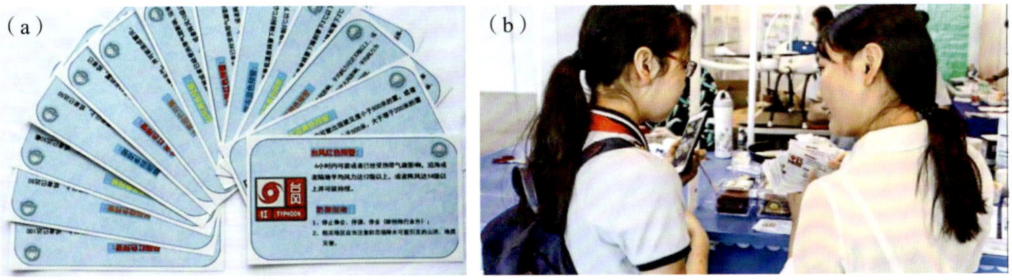

图 4.9　“饼干说明书”手册（a）和现场宣传展示（b）

纸杯蛋糕：制作带有彩虹、太阳等气象元素的纸杯蛋糕，并涂制奶油，加入彩虹糖和天气插牌点缀（图 4.10），利用产品高颜值吸引大众眼球，激发大众对美好天气和环境的向往。

图 4.10　纸杯蛋糕

图 4.11　天气棉花糖

天气棉花糖：利用彩糖制作云朵形状的棉花糖（图 4.11），表现彩霞、火烧云等天气现象，通过棉花糖的香甜，将受众带入儿时的甜蜜之中，分享天气的喜悦，激发对气象知识的兴趣。

天气牛奶：利用奶泡机将牛奶打至起泡，并利用拉花模具制作印有天气符号（巧克力粉）的牛奶（图 4.12），天气牛奶保证好喝营养的同时，又可将气象元素融入到饮品之中。

图 4.12　天气牛奶

“天气的味道”创新了科普的载体和方式，打造了一个移动的气象科普展台，通过现场展示烘焙产品、播放科普视频、游戏互动、DIY 烘焙、知识答题比赛等互动环节，让观众在动手操作、品尝美食的过程中了解气象科普知识，科普效果好，可推广性强。

4.1.3　“风能大亨”益智游戏棋

近年来，强对流（大风）天气频发，对人民生命安全和经济社会发展造成重大影响。江苏省气象局于 2021 年开始推动强对流灾害性天气监测预警服务示范体系建设，在提升预报预警服务能力和灾害联防联动能力的同时，也致力提高全民防灾减灾意识和能力。因此，江苏省气象服务中心于 2022 年推出了一款名为“风能大亨”的益智游戏棋，将风能科普与桌游棋有机结合，增强可玩性和趣味性，获评中国气象学会颁发的第十二届全国气象科普优秀作品文创类三等奖。

游戏棋包含外包装盒、棋盘、棋子、风向转盘（骰子）、风能塔、道具卡、说明书等，以 0～12 级风力等级顺序作为游戏主线，中间穿插介绍气象观测仪器设备、全国气象科普馆等（图 4.13）。玩家通过吹动风力转盘获得相应指令后走地图的形式进行游戏，结合设定的各种关卡来了

图 4.13　游戏棋外包装盒（a）和棋盘道具等内容（b）

解风能以及大风等灾害性天气的气象知识和防御技能。

作品寓教于乐，趣味性强。棋盘地图上呈现的所有要素均配备详细介绍的图文卡，同时游戏中设置了“机会”和“防御”两类卡片，利用随机抽取问答的形式对常见的气象灾害以及防御措施进行科普（图 4.14）。

图 4.14　游戏棋盘（a）和道具卡片（b）

作品细节设计充分融入风力元素。采用 8 级风标识作为玩家角色棋子造型，并结合预警信号等级的四色进行区别（图 4.15a）；以风向 16 方位图为灵感设计风力转盘来替代传统游戏中骰子的功能，玩家通过吹气的形式模拟自然风吹动风向标，风向标指针所停留位置即为游戏指令（图 4.16）；以风力发电机为原型设计风能塔（图 4.15b），玩家游戏过程中需累积“风能资源”。

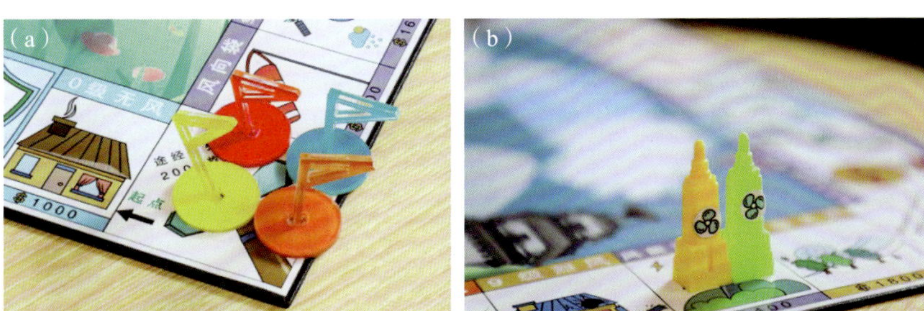

图 4.15　风力标识造型的四色棋子（a）和风机为原型的风能塔（b）

图 4.16 吹动风力转盘获取游戏指令

4.1.4 “天气赛道”交通气象沙盘

近年来，公路里程快速增长，交通安全风险交织叠加，特别是浓雾、雨雪冰冻等恶劣天气对公路交通安全和通行效率影响极大，对人民生命财产安全造成威胁。据统计，2018—2022 年江苏地区高速公路发生在雨、雪、雾、大风等恶劣天气下的交通事故占比约为 2 成，高速公路及干线公路阻断原因中恶劣天气占比接近 4 成。为此，江苏气象和公安两部门协作联动，加大技术研发，有效提升恶劣天气交通预警处置能力。同时，还推出了一款名为“天气赛道”的沙盘模型，构建出不同天气背景下的高速公路道路场景，模拟车辆行驶在灾害天气路段发生交通事故的全过程，结合多视角的视频动画及文字分析事故原因，科普灾害天气下安全驾驶知识（图 4.17）。

图 4.17 2021 年全国公安交管部门相关负责人驻足沙盘前观摩恶劣天气预警处置流程

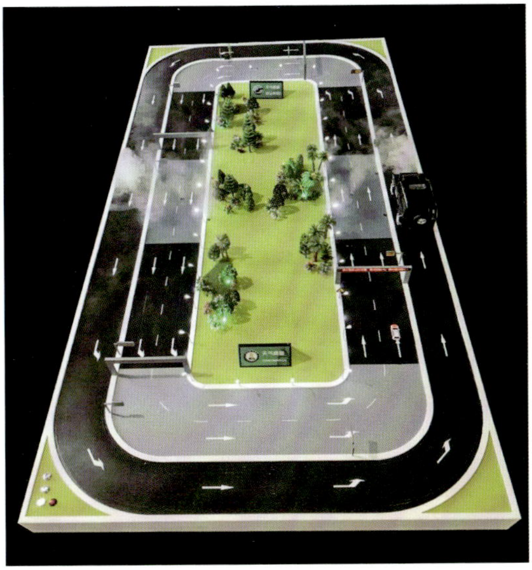

图 4.18　“天气赛道”沙盘

沙盘整体约 1.2 m × 2.4 m，由仿真路面、汽车、路灯、树木、龙门电子牌等部分模拟出高速公路场景。路面划分为正常路段（深灰色部分）和 4 个灾害路段（大雾路段 1、大雾路段 2、道路结冰路段 1、道路结冰路段 2），其中，大雾灾害路段利用喷雾模拟团雾，道路为浅灰色，道路结冰路段采用白色的材质来模拟道路结冰场景。仿真公路赛道分为内外两个车道，内车道为双行道，支持 4 辆玩具车并排行驶，主要用于玩家控制玩具车进行模拟竞赛；外车道为单行道，主要用于车辆自由行驶（图 4.18）。

游戏竞技互动：玩家通过遥控手柄在双行内车道开始竞技，当玩具车通过灾害路段时，须根据仿真龙门和提示牌限速标志进行减速操作，达到限速标准则正常通过，违规行驶则会发生侧滑碰撞，根据游戏规则抵达终点用时最少者获胜。仿真公路赛道以竞技的方式，融合灾害天气场景和交通管制规则，旨在让玩家参与体验灾害天气对安全驾驶的影响。

图 4.19　第一视角（a）和第三视角（b）的科普视频界面

科普视频动画：通过外接屏幕可以展示竞技比赛和自由行驶两种模式下的仿真动画视频。视频中采用虚拟现实技术，第一视角（图

4.19a）、第三视角（图 4.19b）和特写镜头等自动切换，吸引观众眼球，将各种突发天气下自然环境变化及事故发生的刹车距离、偏移方向、反应时间等要素信息展现出来，并对事故进行剖析，引出交通安全科普知识，达到科普宣传的目的。

“天气赛道”沙盘采用物联网技术，将虚拟展示与实体模型相结合，既可通过智能沙盘模型建立仿真的公路环境，构建大雾和道路结冰灾害天气场景，又可在大屏中用 3D 视频动画模拟事故过程，通过第一视角和第三视角对各个场景进行全方位实时展示。展品寓教于乐、低成本运营，适合多场景推广应用。

4.2 图文解说

科普图解是指将科学概念、原理、技术等内容通过图像和简单易懂的语言来解释说明的一种科学传播方式。它通常采用生动形象的插图、图表等方式，辅以简短的文字说明，用通俗易懂的语言和图像来呈现抽象和复杂的科学知识，使受众更容易理解和接受。

江苏气象部门近年来打造了以“苏苏说天气”为代表的系列科普图解产品，包含气象灾害防御科普、天气影响生活解读、历史气象数据盘点、部门政策法规解读四大类内容，数据科学、构图合理，科普性较强。图解产品日常经“江苏气象”微博、微信等多种新媒体渠道发布，多次被中国气象局、各省市县气象局、各主流媒体转载，微博话题阅览量已超过 7000 万人次。

4.2.1 气象灾害防御科普

“江苏气象”新媒体团队日常注重防灾减灾科普宣传工作，制定公众气象服务季度（春、夏、秋、冬）服务方案，如针对夏季多发的强对流、暴雨、高温、台风等重大天气过程进行追踪服务（图 4.20），并抓住全国防灾减灾日、重大天气过程等节点，加强图文视频等融媒体产品制作和历史气象数据分析解读。

汛期江苏强对流天气频发，团队策划发布如“关于暴雨，你不知道的那些

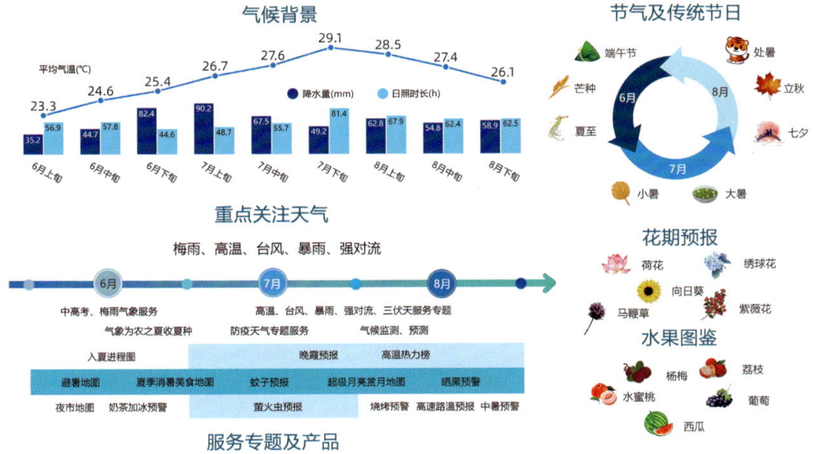

图 4.20　公众气象服务季度服务方案（以夏季为例）

事儿”“夏季必备的强对流防御指南”“江苏梅雨数据大盘点”等常规图解产品（图 4.21），同时还尝试使用动漫故事形式来增加科普趣味性，制作发布了“射雕英雄之雷阵雨篇”（图 4.22）“三国演义之台风篇”“穿越冰雹云是一种什么体验”（图 4.23）等动漫长图，受到公众好评，其中“穿越冰雹云是一种什么体验”在 2022 年第二届全国气象科普宣传观摩交流活动中还获评中国气象局颁发的“全国十大气象科普作品”荣誉称号。

图 4.21　强对流天气系列科普图解（部分长图节选内容）

图 4.22 《射雕英雄之雷阵雨》长图节选内容

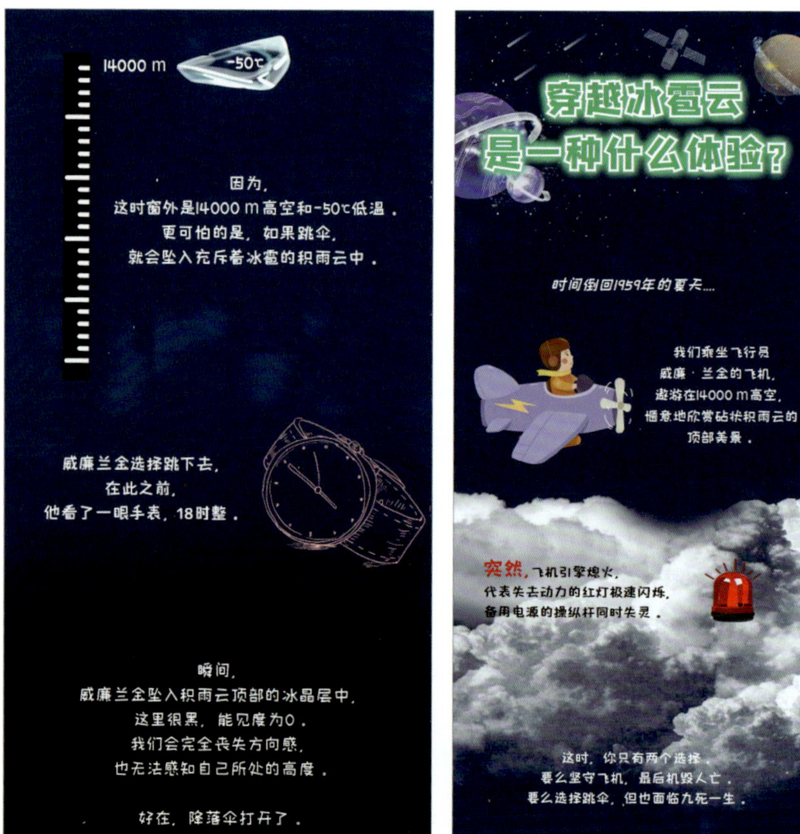

图 4.23 《穿越冰雹云是一种什么体验》长图节选内容

对于高温天气，团队策划发布了“江苏中暑预警地图”系列预报图解产品，微博单条阅读量超过 40 万人次；与江苏交警联合发布全国首个省级路面高温预报预警地图（图 4.24），被新华网、央视新闻、中国气象局、《扬子晚报》、荔枝新闻等 40 余家气象部门及主流媒体发布转载；主持话题“江苏高温热浪来袭”“江苏开启炭烤模式”等，累计阅读量超过 1000 万人次。

图 4.24　2022 年与江苏交警联合推出全国首个省级路面高温预报预警地图

4.2.2　天气影响生活解读

团队紧扣重要节假日、重大赛事和热点天气事件，结合相关行业数据，将天气对公众日常出行、生活的影响通过趣味化新闻图解产品展现，让气象服务有趣、“有料”“有温度”。主要产品包括：江苏春运道路天气地图、高考天气、周末野餐地图、堆雪人地图，摔跤地图、冰箱速冻地图、入夏入冬进程图、冬季美食地图、花期预报、晚霞预报地图、梧桐飘絮预报等（图 4.25）。

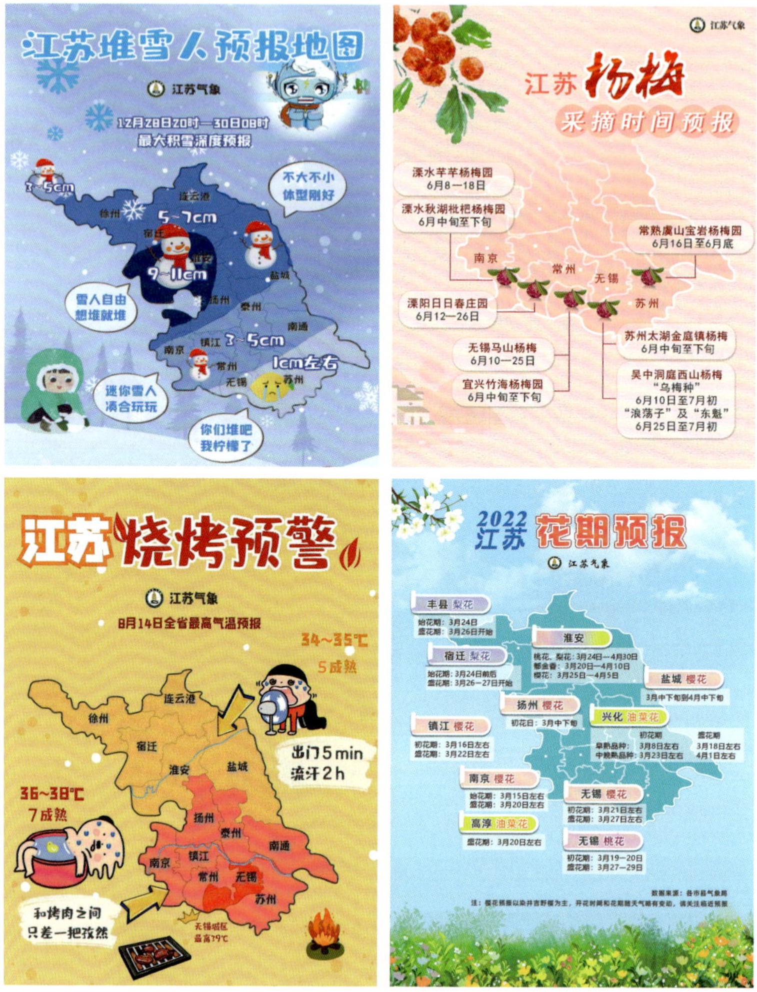

图 4.25　丰富多样的天气影响预报预警系列产品示例

4.2.3　历史气象数据盘点

历史气象数据盘点是对过去一段时间内多渠道的气象数据进行整理、归纳和分析的过程，它可以为气象学、气象预测、气象灾害防范、气候变化研究等领域提供重要的数据支持。通过数据图解形式展现，有助于公众更直观地了解历史气象数据，团队制作的主要图解系列产品包括：年度天气气候事件、气候预测、灾害天气数据盘点等（图 4.26）。

图 4.26　历史气象数据图解产品部分内容

4.2.4 部门政策法规解读

为加强气象部门政策法规文件宣传力度，更直观更有效地解读相关规定制度，团队策划制作了“一图读懂”系列产品（图 4.27），对“江苏全省气象局长会议工作报告”“江苏省‘十四五’气象发展规划”“江苏省突发事件预警信息发布管理办法”等文件，以图解的形式作以简洁明了、轻松易读的解读，受到公众欢迎。

图 4.27 “一图读懂”系列部门政策法规解读产品部分内容

4.3 视频动画

随着新媒体信息技术的快速发展和社交平台的日益多元化，短视频已经成为公众接收气象信息的重要渠道。通过形象生动的画面和通俗易懂的语言将公众认为的深奥且复杂的内容展现出来，可实现“一频胜千图”的效果，同时用户在观看视频时也可以通过留言、评论和弹幕等形式发表当前的感受和评论，摆脱了传统科普形式的单向传授模式，提高了用户的参与感。

江苏气象部门充分发挥视频传播优势，制作了许多高质量的创意天气播报、防灾减灾科普和气象文化宣传展示等视频动画，促进了“5G”时代下气象科普宣传工作模式的创新与升级，助力气象科普宣传工作高质量发展。

4.3.1 创意天气播报

创意不能只是体现在表现形式上，其中的内容才是第一核心力。以“江苏气象”视频团队为代表的气象影视制作部门在深入了解公众需求的基础上，围绕气象服务特色不断挖掘和探索，经过多年不懈努力，创作出了一系列极具地方特色代表性的创意天气播报产品。

《“一带一路”交通气象》是结合国家“一带一路”倡议制作的一档概念型天气播报节目，将精细化预报产品应用于亚欧货运列车沿线，并对丝绸之路经济带上各个国家跨越的 5 个气候带的不同天气特征进行科普解读（图 4.28）。

扫码播放视频

图 4.28 《“一带一路”交通气象》

在节目包装上，运用虚拟现实技术呈现出真实的服务应用场景，云图裹着地图并与列车路线图巧妙地融合在一起，随着主持人的走动，各个站点的地图也跟着移动；在语言表达上，主持人兼具气象专业知识的严谨和贴近百姓生活的轻松幽默，一句“赚钱的时候到啦”及结尾的“享受美食鲜花之都的异域风情”，配合着主持人的陶醉表情，瞬间拉近与观众的距离。这档节目展现了未来天气预报节目的发展方向和服务精髓，充分展示了专业性和服务性的全面提升。

《十二时辰晴雨录》也是一档概念型天气播报节目，它突破了以往节目常规表现形式，全程无主持人和解说词，创造性地运用水墨、日晷、时辰等中国传统文化元素来展现天气预报，并增加了晚霞预报、萤火虫预报、星空预报等天气影响预报内容（图 4.29）。在节目表现形式上，是传统与现代的碰撞与融合，既展现了文化之美，又体现了科技之魅力，让人在如诗如画的享受中，体会到贴近生活的天气预报所带来的便利。本短片是将现代晴雨天气预报和天气影响预报有机结合，将中国传统文化与天气预报节目深入融合的一次成功尝试，并获评中国气象局颁发的第十二届全国气象影视服务业务竞赛创意类二等奖。

扫码播放视频

图 4.29 《十二时辰晴雨录》

《趣味播报》是“江苏气象”视频团队打造的系列创意播报节目，形式新颖、贴近生活，大大提升了天气播报的趣味性，在抖音等新媒体平台取得较高的浏览量（图 4.30）。如“来喽，今天的天气预报是这样的”是将实景拍摄与动画制作结合，模拟出主持人以朋友间短信聊天的方式将天气预报信息发送给观众的场景，让预报信息传达显得亲近又轻松。“天气直播间，端午专场来了，快来看看你所在地方哪个套餐能发货”是用当下流行的直播卖货的方式来讲解端午节假期的天气形势，将不同区域天气划分变为各个大礼包（如沿江苏南地区

扫码播放视频

图 4.30 《趣味播报》系列之“来喽，今天的天气预报是这样的”

的中到大雨大礼包、其他地区的小雨礼包、淮北地区的专享高温礼包以及全省福利袋内含降温卡、雷阵雨卡等），让大家来“认购”。

动画形式天气播报也是江苏一大特色，如“江苏各城市降雪时间接力赛”是以接力跑运动场地为背景，13 名运动员分别代表江苏省 13 个地级市，在起跑点用地名及降雪时间段代替运动员人物介绍，各运动员接力点即为该市的下雪时间，这样什么时候下雪一目了然，展现形式轻松愉悦，视频发布后备受网友关注，表示下雪接力赛创意很赞，形象生动，希望这场雪准时到来（图 4.31）。“江苏人注意啦！明后天抓紧晾晒，因为连续阴雨夹雪（主要是雨）就要来了！”是以音乐播放器动画为主题，加以趣味音乐，用简单的图文展示未来 7 日的天气情况，提醒网友及时晾晒。

此外，“江苏气象”视频团队在春节、国庆等重大节日会提前策划创意服务视频，通过古风、书法、舞蹈、穿搭、地图、各地人物串联等形式展现假日期间气象服务“不打烊”。其中，穿搭视频将天气和服装相结合，主持人亲自演绎示范，根据天气情况给出节假日穿搭建议和户外出行注意事项，瞬间拉近与受

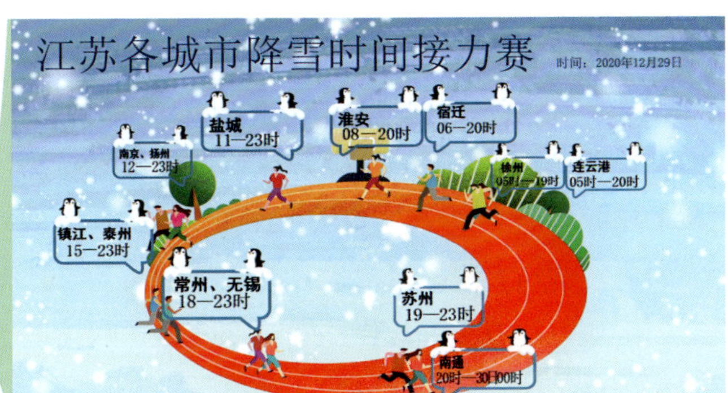

扫码播放视频

图 4.31 《江苏各城市降雪时间接力赛》

众关系，增加了与受众群体的互动，受众在短时间内接收气象与生活信息，并接收到表达与沟通的“信号”，评论互动频率有效提升（图 4.32）。

扫码播放视频

图 4.32　节假日穿搭气象播报

4.3.2　防灾减灾科普

气象防灾减灾工作涉及气象灾害科普知识宣传、及时发布气象预警信息、灾害现场实时实景播报以及灾后复盘等内容。江苏气象部门依托视频动画及时、实用、直观的优势，将气象科学原理、气象观测预警、防灾减灾措施等内容以情景化和故事化的方式制作成形式多样的短视频，并通过全媒体渠道投放，给广大观众留下深刻印象，有效提升了民众应急避险综合能力。

《强对流之气象武林》是武侠风格的动画科普片（图 4.33），以大气磅礴的虚拟气象江湖为背景，将强对流家族成员拟人化（经常在夏季外出活动，危及百姓安危的反派角色），生动形象地讲述强对流天气的特征，危害及相应的防御措施，科普内容有趣有料，风格极具创意，展示了新时代气象防灾减灾工作的新实践、新突破、新成果。该作品新浪微博单条阅读量超过 28 万人次，被 40 余家气象部门及主流媒体转载好评，在第二届全国气象科普宣传观摩交流活动中还获评中国气象局颁发的“全国十大气象科普作品”。

扫码播放视频

图 4.33 《强对流之气象武林》

《神出鬼没的雷雨大风》以推理探案的形式对 2021 年 4 月 30 日的南通风灾事件进行再现分析，引领观众搜寻“证据”、挖掘“真凶”，旨在科普雷雨大风的形成原因和防范要点（图 4.34）。视频以公众关心的问题为出发点，从新闻热点事件切入，重现了此次起风过程，复盘分析各种相关气象要素和天气背景，从“两大证据、三大系统”出发，解读致灾成因，展现雷雨大风行踪“神出鬼没”的独特性、局地性和强致灾性等特点，进而提升公众对雷雨大风气象灾害的防御应对能力。该片获评中国气象学会颁发的第十二届全国气象科普优秀作品音视频类一等奖。

扫码播放视频

图 4.34 《神出鬼没的雷雨大风》

《极端高温》是针对 2022 年的极端高温天气事件创作的科普短片，从南京消防救助中暑动物事件引入，采用双主播讲解、问题式科普的方式，表述了本次高温的强度、范围和持续时间，从天气背景入手，重点分析江苏高温事件的成因，再从成因推演到全球气候变暖、热岛效应等对人类的影响（图 4.35）。短片用多个问题串联的方式引发观众好奇心，让观众从被动的知识接收者，变为主动的参与者，从而提升科普效果。

扫码播放视频

图 4.35 《极端高温》

每年梅雨季是江淮地区人们不可言说的“痛”，《揭秘“梅完霉了”的雨》通过江南才子细说的形式，向观众娓娓道来梅雨的一些特征（图 4.36），如每年什么时候入梅？入梅的标准是什么？梅雨的所属地不仅仅在中国江淮地区，同纬度的日本、韩国同样有梅雨；每年梅雨“性格”不同带来的降雨量也不同，如“暴力梅”“枯梅”“二度梅”“倒黄梅”等；以及梅雨为什么不是“霉”雨。视频内容兼具科学性和趣味性，受到公众和媒体的广泛关注。

扫码播放视频

图 4.36 《揭秘“梅完霉了”的雨》

《台风来了》采用“双导演”表现形式，片外导演安排片内导演讲述创作思路，通过戏中戏（在台风橙色预警生效时间内，职场妈妈做出的一系列选择，生动展现台风天出门可能遇到的危险）的故事结构传递台风科普知识（图 4.37）。结尾运用喜剧效果，表达气象人脚踏实地做事，拒绝脱离实际、“一味抓眼球”的行为。短片节奏紧凑、环环相扣，通过不断的反转，将科普内容融入喜剧形式中，提升了作品的趣味性，并获评中国科技新闻学会颁发的“2022 年科普中国创作之星”。

扫码播放视频

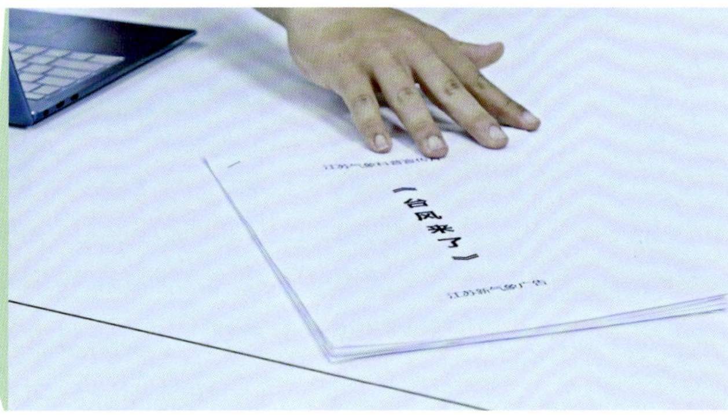

图 4.37 《台风来了》

气象灾害防御系列动画视频采用动态图形技术，结合常见气象灾害的特点，对防灾减灾和应急避险知识进行讲解，选题贴近生活，形式生动形象，内容深入浅出，传播效果显著，有效提升了公众的气象科学素养和安全应急能力。如 2020 年 7 月，受长江上游来水、天文潮和本地降雨影响，江苏发布洪水红色预警，同时第一时间制作和多渠道发布《洪水来临应如何避险》（图 4.38），1 分

扫码播放视频

图 4.38 《洪水来临应如何避险》

钟之内全面讲解面对洪水时的应对措施，以及洪水之后的隐患防御，为百姓提供安全有效的避险指南。该视频被新华网、微博政务、中国气象局、南京水务等主流媒体转发，登上同城热搜，并入选当年微博政务官方账号优秀服务案例。

4.3.3 气象文化宣传

宣传片是塑造和展示政府部门形象的重要手段，视频画面和内容的生动，使得政务部门的形象更具“人情味”，更加“有温度”。江苏围绕历史悠久的气象文化以及气象现代化建设成就，发布了一系列制作精良的宣传片，让公众更加直观地了解气象行业的方方面面，提高大众的认知度，有效树立部门良好形象，达到很好的宣传推广效果。

《穿越古代看气象》系列视频结合中国北极阁气象博物馆的展品，深入浅出地科普古代人们如何测量空气湿度（图 4.39），如何预测天气，世界最早的天气预报如何记录，古人如何观测时间，日晷、月晷的原理等。视频将气象历史与科学相结合，揭开古人如何观云测天这层神秘面纱，每期节目 1 分钟左右，短小精悍，内容兼具科学性和趣味性，形成了自己独特的风格，受到公众和媒体的广泛关注。

扫码播放视频

图 4.39 《穿越古代看气象》

《手绘二十四节》是“江苏气象”视频团队 2019 年打造的系列科普视频，采用录制手绘全过程形式，对二十四节气的天文现象、气候特征、民风民俗、应季美食、农耕养生各个方面做了全方位介绍（图 4.40）。视频形式新颖，画面生动有趣，专题上线后，深受公众喜爱。

扫码播放视频

图 4.40 《手绘二十四节气》

2022 年，团队追随“春生夏长、秋收冬藏”的生命历程，用一整年时间拍摄了《漫谈二十四节气》系列短视频，完整地记录了南京的春夏秋冬，挖掘每个节气不可替代的美与内涵，用数据考证七十二候的科学性，用脚步探寻节气的文化底蕴，用诗意化的文字书写天地间的气息变化，最后再用美学的镜头表达每个节气中的中华传统文化（图 4.41）。该系列视频在各大平台广泛传播，累计播放量过亿，其中，“夏至”节气视频还登上了《人民日报》客户端。

扫码播放视频

图 4.41 《漫谈二十四节气》

《江苏气象一分钟》摒弃传统宣传片形式，通过一分钟风云变幻、一分钟追风逐雨、一分钟观云测天、一分钟传递关爱等方面，展示气象人每一分钟都秉承“准确、及时、创新、奉献”的气象精神，坚守岗位、观云测天、科研攻关、服务社会（图 4.42）。全片策划创新、角度新颖、拍摄考究，剪辑精良，在全国气象部门宣传片中独树一帜。

扫码播放视频

图 4.42 《江苏气象一分钟》

《智慧气象 最美江苏》从紫金山麓扬子江畔引入到北极阁，展现气象文脉绵延至今，气象精神传承永久的精神面貌（图 4.43）。从筑牢第一道防线到助力美丽江苏，到提升核心能力，再到打造创新高地，全面介绍了江苏省“十三五”气象事业发展历程，做到监测精密、预报精准、服务精细，大力推进江苏气象事业高质量发展，为“强富美高”新江苏建设做出新的贡献。全片节奏紧凑，画面恢宏，用 4K 电影级拍摄展现了江苏气象的新面貌、新成就，展望未来新发展。

扫码播放视频

图 4.43 《智慧气象 最美江苏》

《气象万新看江苏》通过重画面质量、加字幕包装及去配音方式，展示了江苏全省气象从精密观测服务国计民生，到精准预报赋能社会发展，再到精细服务情系万家冷暖（图 4.44）。9 部多普勒天气雷达，1800 个区域气象观测站，17 个海洋湖泊观测平台，23 部风廓线雷达，74 个大气成分观测站，7 km 站距覆盖全省，从建设智能化一流气象台站，到全省智能网格预报业务一体化，再到服务行业、服务百姓生活，体现了江苏气象智慧服务一直相伴的理念。

扫码播放视频

图 4.44 《气象万新看江苏》

《万里通途 气象守护》完整地展示了江苏交通气象服务 1.0 到 2.0 的转变与升级，解决了困扰多年的浓雾（团雾）、路面结冰监测预警和连续性道路天气观测等难点痛点问题，深入推动了人工智能技术在交通气象领域的应用（图 4.45）。在实际业务中，更是大放异彩，带动提升全国恶劣天气预警处置水平。该片通过实拍及动画包装全方面地展示了交通气象的技术成果、科研成果、应用成果及社会效益，充分体现了该业务在气象防灾减灾方面发挥了第一道防线作用。

扫码播放视频

图 4.45 《万里通途 气象守护》

《一路同行》是交通气象服务的另一部宣传片（图 4.46），与《万里通途 气象守护》相比，它在形式上更具艺术性及创新性。影片从江苏交通气象发展历程见证人的视角出发，用时空交错的艺术手法展现了 1996 年到未来 2050 年左右，江苏交通气象的发展历程、丰硕成果和未来展望，重点展现不同时代交通气象以“人民至上、生命至上”为出发点，聚力创新、攻坚克难，紧跟科技发展步伐，走向世界的决心和信心。影片取名“一路同行”，表达了气象与交通两个行业的发展与同行，更寓意着交通气象事业保障道路通畅及人民生命财产安全的同行，体现气象部门不忘初心、砥砺前行的探索精神和服务理念。

扫码播放视频

图 4.46 《一路同行》

《向海而生 乘风破浪》是江苏海上风电气象服务业务宣传片（图 4.47）。江苏近海海域广阔，海底地形平坦，适宜大力发展海上风电，2018 年江苏在全国率先开展了海上风电气象服务。本片通过实拍、采访并结合多媒体包装的方式，介绍了海上风电场从施工建设到后期运维，江苏气象部门提供全流程专业气象服务支持，帮助海上风电企业降低海上作业风险，确保人员生命安全；抢抓时间窗口作业，减少经济损失；合理规划出海路线，降低航行时间成本及燃油成本，展现了江苏气象人向海而生，为海上风电的乘风破浪保驾护航。

扫码播放视频

图 4.47 《向海而生 乘风破浪》

4.4 文创产品

科普文创产品是科普与文化创意的融合，将文化从知识场域引入应用场域，其兼顾实用属性和文化内涵的特点深受公众喜爱。科普文创产品作为新型科普载体以满足公众需求为导向，在传递科学价值、传承民族文化方面发挥着重要作用。在新发展理念背景下，江苏气象部门在科普文创的创新发展方面深入挖掘价值内涵、丰富产品形态、创新传递模式、拓展营销思路，不断提升文创产品的科普能效。

4.4.1 “相天君”气象盲盒

在当下国潮兴起、文化复兴的新文创时代，为了丰富气象科普宣传内容，创新气象科普宣传方式，2020 年 12 月，苏州市相城区气象局在苏州市域内率先启动气象 IP 开发之路，推出“相天君”IP 形象（图 4.48），为苏州市气象科普代言。“相天君”的“相”字源自“相城”名称首字，有观看之意，同时“相”音同“象”，象天法地，气象万千。“相天君”以古风少年为设计原型，以云团为发型，风车头饰，身着苏州丝绸质地古风服饰，搭配相城非遗缂丝祥云图案领子装饰，方寸之间，尽显江南才子的才气与灵动。

图 4.48 “相天君”IP 形象设计理念

苏州气象局采用时下潮玩的营销新方式，结合天气变化，将“相天君”与风、雨、雪、雷等气象元素相结合，打造“风雪雨雷”四款气象造型的盲盒（图 4.49a），赋予 IP 形象多重性格。盲盒推出一年多来，频频现身“气象小课堂”、二十四节气科普、防疫宣传等工作岗位中，以其萌趣可爱的外表以及专业实力认证，受到广大网友的喜爱，屡次登上《人民日报》、中国气象、微博政务等平台热搜，成为气象界的“团宠”，实力“出圈”。2022 年，设计团队又推出了“春夏秋冬·四季物语”主题的“相天君”2.0 盲盒（图 4.49b），将时令、气候、物候变化规律的时空美学融入当下生活，探索万物生息的自然与气象之美。

图 4.49 “相天君”盲盒之“风雪雨雷”（a）和“春夏秋冬·四季物语”（b）

4.4.2 “苏苏”文创产品

图 4.50　“苏苏”表情包

为持续强化“苏苏”科普品牌的影响力和辐射力，深化新媒体时期气象宣传科普工作，科普创客团队围绕这一 IP 形象，推出了丰富多彩、别出心裁的“苏苏”系列文创产品，不仅可以满足公众的审美需求和文化消费需求，还可以促进江苏气象文化交流和传承，为满足人民群众美好生活需要，提升人民群众文化素质和艺术修养添砖加瓦。

“苏苏”微信表情包：2020 年 6 月，微信表情库中“苏苏”表情包正式上线，共包含 16 个表情，分为天气篇、心情篇、日常篇等（图 4.50），涵盖了与公众生活和日常聊天密切相关的场景，形象生动可爱，又凸显了气象元素，拉近了公众与气象部门的距离。“苏苏”表情包在微信表情库上线后受到网友的广泛关注，截至 2021 年，已有 3 万余人次使用，增强了社交领域气象宣传渗透力。

“苏苏”节气团扇：团扇又称宫扇和纨扇，是一种圆形有柄的扇子（图 4.51），是中国传统的工艺品和艺术品，它代表着团圆友善、吉祥如意。创客团队将“苏苏”IP形象与二十四节气的气候特点相融合，设计了24款精美雅致的扇面。团扇轻轻一晃，避暑清心，在宣传“苏苏”科普品牌形象之余，更好地弘扬了传统中国文化。

图 4.51 “苏苏”节气团扇

“苏苏”台历：创客团队每年年底都会设计推出一款“苏苏”台历（图4.52），台历画面内容紧扣当月气候和节假日特征，并科普当月易发生的气象灾害知识以及相应灾害防御应对措施。

图 4.52 “苏苏”台历5月的正面（a）和反面（b）

此外，还推出“苏苏”玩偶、徽章、雨伞、风扇、T恤、帆布包、钥匙扣等文创产品，使“苏苏”形象充分融入公众生活的方方面面；疫情防控特殊时期，推出“苏苏”防疫三件套，包括印有“苏苏”标识的定制消毒湿巾、面巾纸和口罩。“小产品”中蕴含“大心意”，产品包装上印制了气象谜语，吸引公众互动，增长气象知识。

4.4.3 “字说气象”识字卡片集

我国汉字是迄今为止连续使用最长的文字，从原始社会图画式的象形文字，经过漫长的演变才成了现在的样子。识字敏感期的儿童记忆以图像为主，甲骨文在他们眼中就是一幅幅妙趣横生的图画。因此，用甲骨文做识字启蒙，是架起了图画到文字的桥梁，更有助于了解汉字的起源及其背后的文化。

江苏省气象服务中心于 2022 年推出了一套适用于 3～12 岁儿童的科普产品——字说气象，包含识字卡片集和使用手册两部分。产品精选了气象领域比较常用、基础的 25 个汉字，介绍其从甲骨文到简体汉字的演变史以及对应的气象小知识和相关诗词赏析，通过图文结合的方式帮助孩子认识汉字并了解汉字背后的气象文化。

每张识字卡片都有两面，正面是这个字的简体字、拼音以及词组，反面则是这个字从甲骨文开始的不同演变字体（金文、小篆、隶书、楷书）（图 4.53），同时卡片还支持点读功能，儿童用点读笔点击卡片后会自动播放该字的读音、汉字演变史以及与其词组相关的气象小知识。

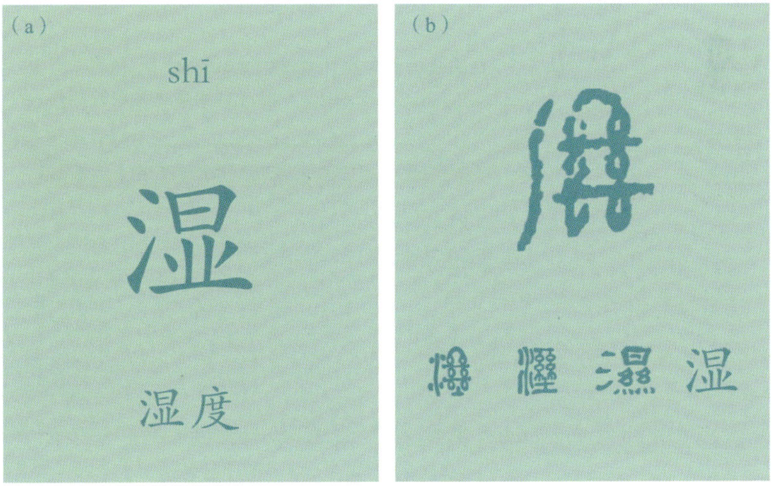

图 4.53　识字卡片正面（a）和反面（b）

使用手册详细介绍了卡片的点读功能如何使用，并针对每一个汉字配了一页图解注释（图 4.54）。

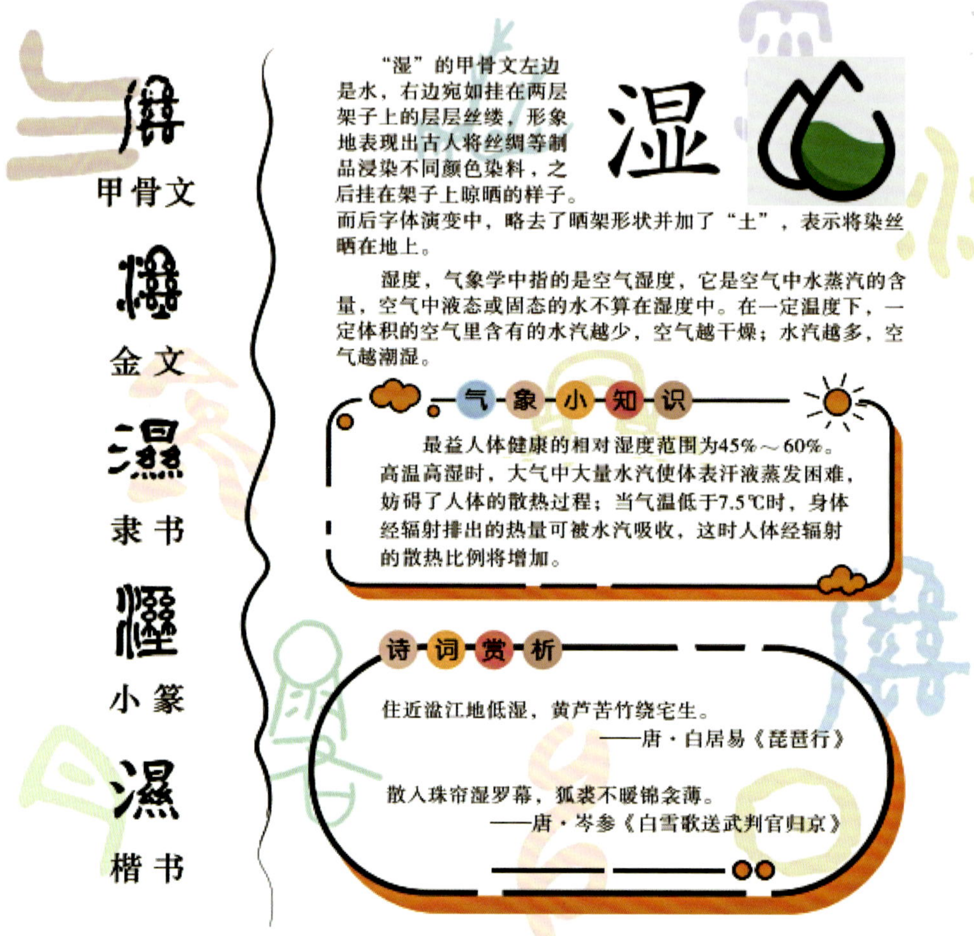

图 4.54 使用手册的页面

4.4.4 北极阁研学营周边产品

为配合中国北极阁气象博物馆科普研学营活动，江苏省气象学会设计并制作了相关宣传品（图 4.55），包括研学手册、研学营徽章、服饰、横幅、队旗、研学胸牌、专家聘书、社会实践证明等。此外，针对每次不同的研学主题，设计并制作专场专用的学习任务单，使学员能够对研学效果自查自审。学习任务单上的内容也可作为对研学课堂内容的补充巩固，进一步保证公众参与活动有所感、有所得。

图 4.55　研学营徽章（a）、帽子（b）和学习手册（c）

4.5　文艺作品

江苏气象部门结合各地气象防灾减灾需求和人文特色，编排创作了一批群众喜闻乐见的气象科普文艺节目，以“文艺＋科普”的形式向公众宣传普及气象科技发展和防灾减灾知识，积极参与政府组织的科普进社区、进企业等活动。

4.5.1　大型情景舞蹈剧《唤醒》

舞蹈剧《唤醒》是一部气象科普舞蹈剧，通过音乐和舞蹈的形式，以人类活动排放二氧化碳等温室气体导致的气候恶化突变为背景，通过艺术化抽象的寓意让人们自省：当汽车飞驰着，机器疯狂地打印着，废弃物随意地丢弃着，过度的欲望“飞翔”着（图 4.56），人类可曾考虑过对气候和环境造成的后果吗？尽管有人“沉睡不醒”，必有人清醒自律，虽是少数，但通过努力，仍可感化、唤醒众人。从自我做起，选择做一位勇敢的人，伸出你我的手，不论力量的大小，先用心温暖世界。最后，一缕阳光拂过耳边，温馨的家园需要你我他的正能量。世界之大，“自控、自律、自觉”“能量”虽小，但“小能量”也会有“大光环”。身为气象工作者昂首挺胸、呼吁奔走、挺身而出的英勇姿态，用一份微薄的力量改变自己、感化他人，最终大家齐心协力、保卫家园，为美好的世界做出一份贡献。

图 4.56 《唤醒》节目于“2021 年江苏省安全应急科普环省行活动 · 南京”舞台上演出

4.5.2 合唱歌曲《少年》

江苏省气象学会联合无锡市气象学会，对原创歌曲《少年》(梦然作词、作曲并演唱)进行了改编，并制作了 4 分钟的背景宣传片。2021 年 10 月在江苏省安全应急科普环省行活动中，合唱团首次登台表演，向广大市民展示出气象人的独特风采，受到了现场和线上观众的热烈欢迎(图 4.57)。2023 年江苏省安全应急科普环省行活动中，南京信息工程大学的学生合唱团也登台表演了该曲目。

图 4.57 2023 年江苏省安全应急科普环省行活动中，南京信息工程大学学生表演合唱节目《少年》

气象版《少年》歌词

（原作者梦然）

换种生活，气象人整装奋发，放弃节假，天气就在心里把握
每次预测都是一次收获，还等什么，做对的选择
过去的就让它过去吧，别管那是一个天晴还是雨落
路在脚下，其实并不复杂，只要记得你是你呀
Wu oh oh，Wu oh oh
我还是从前那个少年，没有一丝丝改变，时间只不过是考验
种在心中信念丝毫未减，眼前这个少年，还是最初那张脸
面前再多艰险不退却
Say never never give up，Like a fire ，Wu oh oh
不负光阴，让使命变得快乐，坚守执着，灾害也会可防可破
每次预警都是一次检测，还等什么，做对的选择
未来的就让它到来吧，别管那是一夜宁静还是危险
路在脚下，其实并不复杂，只要记得你是你呀
征途漫漫，唯有奋斗
come on
我还是从前那个少年，没有一丝丝改变，时间只不过是考验
种在心中信念丝毫未减，眼前这个少年，还是最初那张脸
面前再多艰险不退却
Say never never give up，Like a fire，Wu oh oh
追逐雷达上影响无锡的强回波，让生活因为准确预警变得稳妥
其实你我他并没有什么不同，只要你愿为百姓守住一道防线
成长的路上必然经历很多风雨，相信终有属于自己的盛举
别因为磨难，停住你的脚步，坚持住，就会拥有属于你的蓝图
Wu oh oh
我还是从前那个少年，没有一丝丝改变，时间只不过是考验
种在心中信念丝毫未减，眼前这个少年，还是最初那张脸
面前再多艰险不退却
Say never never give up，Like a fire
我还是从前那个少年
我还是从前那个少年

4.5.3 三句半《气象灾害勿小看，应急服务保平安》

2019 年气象科技活动周上，宿迁市气象局创作表演的《气象灾害勿小看，应急服务保平安》，以朗朗上口、群众喜闻乐见的形式，通俗易懂的语言，“三句半”科普应急气象服务，有效地引导群众提高防灾减灾意识和能力。

《气象灾害勿小看，应急服务保平安》
歌词

敲锣打鼓走上台，心情激动笑口开，欢迎各位到现场，掌声响起来。
宿迁气象展风采，为民服务真情在，不忘初心加油干，做表率。
东风南风西北风，都在我们掌握中，暴雨雷电和雾霾，别想作怪。
为民管天心中敬，人天和谐境界真，气象信息服务好，我是气象人。
防台风防龙卷，关闭门窗少出去，露天活动不参加，切记在心。
一有雾霾沙尘暴，备好眼镜和口罩，开车打开防雾灯，很必要。
雷电交加风雨天，打伞骑车不安全，不要靠近电线杆，防雷电。
雨雪天气早知道，开车慢行要礼让，老弱病幼少出行，早防范。
天气灾害要来到，卫星雷达监视全，预报准确不要怕，一双慧眼。
我们气象观测站，线路设备把站保，刮风下雨不用怕，自动传。
群众利益心中记，防灾减灾我做起，阴晴冷暖我预报，时刻提醒。
强台风来宿迁，各级领导心挂念，群众安危放首位，冲在第一线。
微博微信公众号，新闻媒体好渠道，收集短信朋友圈，全看到。
锐意进取好儿郎，气象事业更辉煌，我为宿迁站好岗，坚守一方。
锦绣家乡建设美，气象安全我守卫，强富美高新宿迁，靠咱这一辈。
我们表演不太全，精彩节目在后面，欢迎大家来鼓励，明年再见。

第5章

气象科普众创平台

普及气象知识，才能更好地趋利避害，发挥天气预报的作用；防灾减灾措施也需要普及，才能提高应对效果；科普产品需要利用新技术、新媒体，才能与时俱进，为大众所接受。我国气象灾害频发，引发社会各界对气象科普、防灾减灾工作更加广泛的关注，大众对气象科普、防灾减灾的需求强烈而迫切，参与感更强，对交互式科普需求更迫切。

江苏的气象高校、科研机构在气象领域的积淀深厚而渊博，这些个人、高校、机构对国家号召的“大众创业、万众创新”具备根基而且兼具热情。气象科普是一个相对低门槛的领域，可以为社会培育更多的气象和多媒体人才，也更适合大学生创业，并且气象科普作品也存在广阔的市场前景。因此，江苏省气象局于2017年启动建设“气象科普众创平台”，以双向“互动”替代单向“宣教”的传统科普模式，以众创众筹理念，引导社会资源参与气象科普产品的创新、研发和制作，培育气象科普众创社群，满足社会各界对气象科普的需求，扩大科普覆盖面，提升公众的科学素养和防灾减灾能力。

5.1 平台简介

“气象科普众创平台”以网站、手机客户端和微信公众号作为服务出口，充分融入社交、互动、科普、防灾减灾、众筹、众创等元素，方便公众获取科普信息，提出科普需求，参与科普创作；基于众创众筹理念，通过创作大赛和项目发布等方式，吸引优秀科普创作人才，培育气象科普众创社群，向科普馆、科学技术协会、教育机构、科教企业等推荐科普作品和服务；丰富气象科普内容，扩大科普覆盖面，提升公众参与度，建立“政府购买、企业协作、公众参与”良性循环的科普服务市场（图5.1）。

平台以气象大数据云平台为建设基础，以气象科普为主线，以新媒体+气象服务产品为载体，以防灾减灾为要点，以众创气象服务为创新点，构架“云端”上的一体四翼“互联网+气象”科普产业平台，四大主体功能模块相辅相

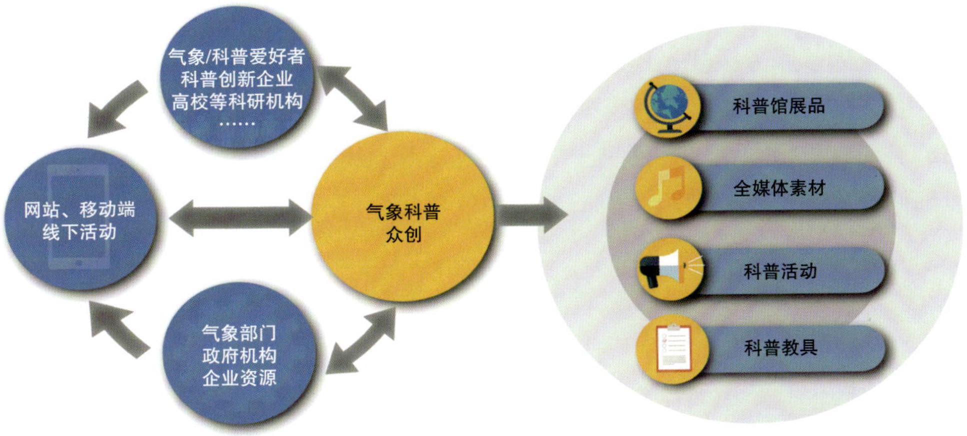

图 5.1 “气象科普众创平台”设计理念

成，既相对独立设计开发，又通过数据、信息流相互贯穿、互为补充。同时，项目以基础云平台、支撑系统数据库（天气、科普、用户、视频、图片、防灾减灾、科普馆）、多客户端展示管理系统（手机、PC、微信）、社群建设管理系统、3D（三维）虚拟展示系统（科普馆、科普作品）和数据分析和展示系统（产品测评推荐、用户行为分析、气象可视化制图等）六大系统作为平台运行的支撑（图 5.2）。

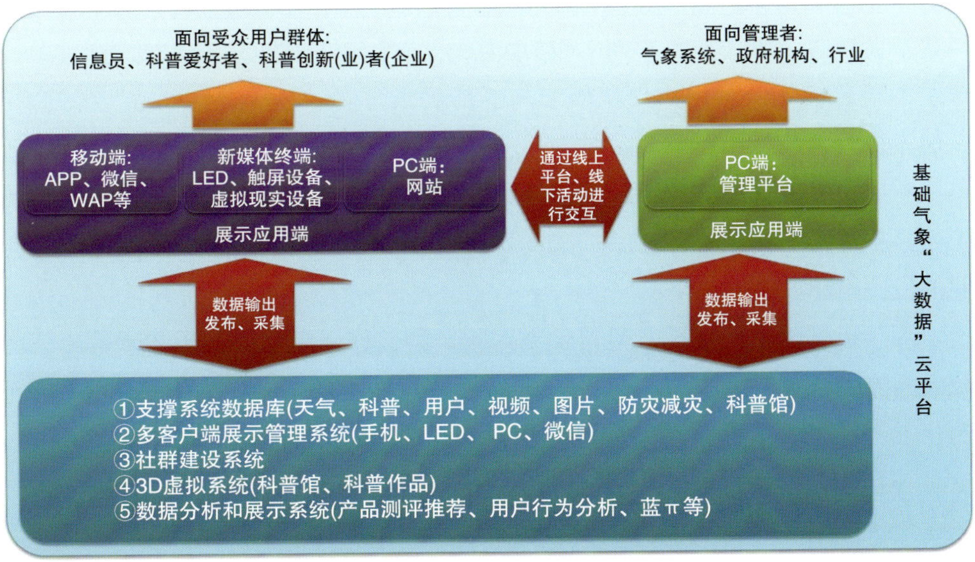

图 5.2 “气象科普众创平台”总体框架

四大功能模块分别为：

（1）天气服务模块：作为整个多客户端系统平台流量的入口，以APP、微信等新媒体应用为载体，在全国气象预报数据基础上叠加江苏精细化预报信息、附近自动站实况数据等，通过天气现象链接气象科普知识和天气背景资料，通过地图模式链接、展示用户附近的自动气象站资料、科普馆信息、避难场所信息等。

（2）气象科普模块：提供科普实体馆、科普活动、视频和图文等科普产品的各类公开信息发布、查询操作。

（3）防灾减灾模块：以科普、预警、资料查询的形式融合在其他功能模块中；提供附近的避难场所位置、灾害应对措施等信息查询。

（4）“众创”科普产业模块：整合上游资源，对接下游创新项目（企业），引入“众筹、众创”运营模式，为气象科普创新成果提供孵化温床，并通过平台资源进行直接成果转化，形成“互联网+”众创气象科普产业闭环。

5.2　平台创新性

（1）理念创新。运用互联网思维做科普，以众创众筹的方式，倡导“自我科普”新理念，以“自我学习”“自助互助”“参与创作”等互动方式打破单一宣讲的科普模式，满足大众积极参与的新需求。倡导“社会办科普”的理念，以建设科普众创社群的方式，培育了一批气象爱好者和志愿者，扩大了气象科普从业队伍，改变了气象部门单一主体办科普的局面，公众的参与也让科学知识不再枯燥无趣；以推荐作品、购买服务等方式整合社会资源，形成了科普产业的良性循环。

（2）机制创新。实现了科普供需对接，科普作品需求方发布需求信息，由社会团体和个人“接单”，让科普知识转换成实际收益，从而达到各取所需的目的；线上线下，多方互动，通过线下科普课堂、线上科普视频、问答、关注、分享等互动，传播科普知识；建立众创众筹社群的运行机制，扶持科普创作，完成用户身份审核、项目评估、资金监管、项目跟踪、成果执行等。

5.3 终端展示效果

江苏气象部门通过网站、手机气象客户端和微信公众号对“科普众创平台”内容进行展示，并对 3 个终端统一取名为“天知道”。以网站为例，主要包含“科普新闻”“科普百科”“动画视频”“众创众筹”“教育活动”“天天市集”“互问互答”“科普委员会”和“用户中心”9 个栏目（图 5.3）。

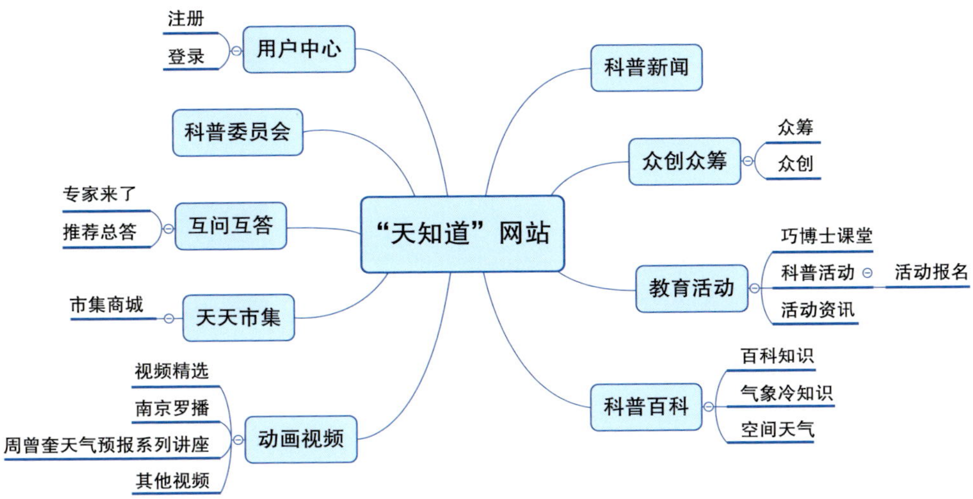

图 5.3　“天知道”网站栏目设置结构图

科普新闻：主要展示全国范围内与科普产业发展和创新创业相关的新闻资讯及政策法规等内容。

科普百科：主要展示与气象相关的各种图文类科普知识，这些内容一部分是由气象部门官方发布（如“‘苏苏’说天气”系列图解），一部分是由用户上传并经气象部门审核后发布。公众浏览阅读时可进行评论、点赞和分享操作，也可根据内容质量进行阅读付费打赏（图 5.4）。

动画视频：主要展示各种气象科普视频，这些内容一部分是由气象部门官方发布，一部分是由用户上传并经气象部门审核后发布，公众随时可进行评论、点赞和分享等操作。

图 5.4 “科普百科”栏目界面

众创众筹：有创意想法但缺乏资金的科普爱好者可以在平台发起众筹项目，气象部门审核用户身份，进行项目评估、资金监管、项目跟踪、成果执行等（图 5.5）。

教育活动：展示最新的线下、线上科普教育活动信息，活动分为报名中和已结束两种状态，用户可进行在线报名和回看历史活动信息。

天天市集：一方面，展示和出售气象部门自主或联合研发的图书、教具、玩具等科普和文创产品，另一方面，也展示气象部门精心挑选出的第三方平台在售的优质科普产品（点击详情页跳转至京东等网站，可进行购买）（图 5.6）。

互问互答：用户可进行问题提问，由其他专家用户进行在线解答。点击热门答主可进入其个人主页并查看更多信息。

图 5.5 “众筹众创”栏目界面

图 5.6 “天天市集”栏目界面

科普委员会：主要展示“中国气象服务协会科普委员会”的活动信息、会员信息等内容。

“天知道”APP（图 5.7）是在网站栏目设置的基础上，结合手机端展示的优势，增加了“应急避难场所”版块（图 5.8），将全省一千多个应急避难场所以列表形式展示出来（结合 GPS 定位，优先显示用户所在位置周边避难场所），用户点击后可查看详细信息，并直接调用导航软件导航至目的地。

图 5.7 “天知道”APP 界面

图 5.8 “应急避难场所”栏目界面

5.4　科普创新（业）产业闭环

（1）政府或其他机构科普、科研机构信息发布

气象部门牵头收集整理创新项目相关信息，并通过科普众创平台各终端同步发布，为科研机构、创业型企业、科普爱好者、院校师生等目标用户群体提供一手的项目资料。相关人群、机构可根据信息判别项目及需求甄选对口项目，开展相应工作进程。中后期可联合政府、专业院校、权威科研机构通过平台定向向目标人群发布相关科研项目信息，提高平台的公信度、专业性、权威性，使平台提升为不只单一针对气象科普行业的综合性信息平台。

（2）目标人群创新项目信息搜集

科研机构、创业型企业、科普爱好者、院校师生等目标用户群体可通过平台进行非命题“自研”项目的思路、成果展示，针对“自研”项目在平台中搜索、查询相应的专业知识、信息，也可通过互动平台获得专家及其他机构或同行业从业者的指导意见。相关机构除发布命题项目外，也可通过目标群体发布的“自研”项目信息筛选相应项目并进行跟进、孵化。

（3）联合地方政府及相关机构提供创新项目支撑

通过对平台中院校师生、相关企业、科普爱好者等目标群体的创业、创新思路及针对相应机构发布的“命题项目”科研思路汇总情况，由气象部门牵头，联合本地政府或相关机构，针对筛选出的相应企业、个人提供项目孵化需要的指导、资金、政策等基础支撑，后期可评估项目延续性，对企业或个人提供针对项目的持续供给。

（4）联合科普实体场馆进行科普成果落地展示

除依托于气象科普众创平台提供的线上功能外，为了能够更好地增强用户参与度，普及气象知识，可将线上成果、信息与实体气象科普馆、行业展馆进行整合，利用实体展馆的场地、展项等优势建立地域性的科普基地及实体实验室，为“命题项目”和“自研项目”的开展及科研成果展示提供更“接地气”的空间环境，使“互联网 +”的运营理念在平台中得到进一步体现，有效地将上游资源与下游资源紧密串联。

（5）创新、创业成果的直接消化平台

平台为以气象科普为主导的创业个人和企业提供了优秀成果的消化渠道，既可由各气象科普场馆、气象系统内渠道自有消化和吸收，形成销售闭环，也可由气象部门牵头针对个别项目向政府及相关机构申请更多的配套资源，对项目产品进行二次孵化，提升产品附加价值及核心竞争力，同时可通过气象系统将创新成果向其他行业渠道进行拓展，创造更为广阔的市场空间。

（6）“科普产业实体园区”社会效益与经济利益最大化

以气象为主导的科普创新、创业产业平台运营后期，项目及上下游资源汇总的数量将由量变转为质变，可以由气象系统牵头，联合优势企业资源向本地政府申报、申请相应扶持政策，建立气象科普创业、产品实体园区，整合更为广泛的行业、资金、渠道、实体资源，填充、丰富整个科普创新、创业产业链中的关键环节，秉承“大众创业、万众创新”口号为线上及线下的更多创新项目、创业企业、创业人群建立更加直接、有效且同时汇集更多资源的创新产业孵化平台。

科普产业实体园区的建立，能够为创新、创业型个人、企业解决生存、发展的软硬件资源，为传统企业提供向“互联网＋”转型的平台、优秀团队和渠道，为当地政府解决人才流失、就业、税收等诸多现实问题。

5.5 应用成效

江苏通过气象科普众创平台整合社会资源，先后联合江苏省科学技术协会、南京大学等单位，举办“北极阁气象科普创新大赛”“全国大气科学学科创新创业论坛大赛”“风云即拍全国高校气象创意主播视频大赛”等，发掘和培养科普创作队伍；扶持江苏昆特公司开设“巧博士课堂”，多次进校园、进社区开展科普宣传；为智能硬件“气质盒子”众筹启动资金；为江苏省科学技术协会征集科普作品；协助气象爱好者开发“彩霞预报”服务产品；录制《罗播天气》《周曾奎预报经验系列讲座》等视频，均已在平台中展示，受到广大气象爱好者的高度关注。

江苏在气象科普工作中创新采用的众创模式为气象业务、气象服务等领域的社会化提供了有益探索，也为打造气象科普产业明确了要点。科普众创模式的推广应用，有利于培养科普人才，提升公众参与度，扩大气象知识传播面，提高公众科学素养，增强公众防灾减灾能力，利在部门，功在社会。2017 年，科普众创模式获评中国气象局颁发的首届全国气象服务创新大赛气象服务模式类二等奖（图 5.9），也被中国天气网采纳，成为首批入驻智慧气象云平台的作品（图 5.10），双方共同更新科普频道，扩大模式的影响力，同时将气象科普延伸到防灾减灾层面。

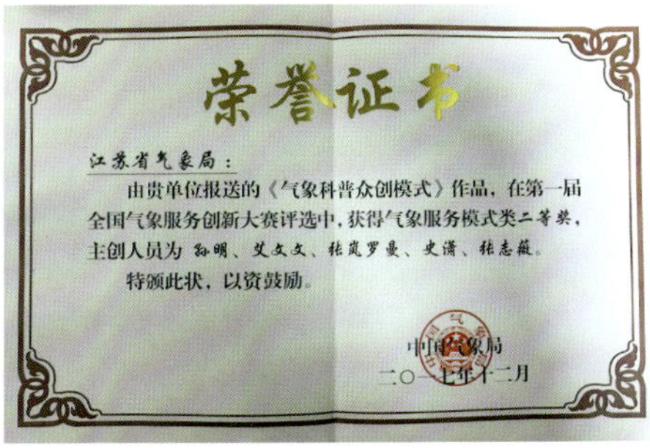
荣誉证书

江苏省气象局：

由贵单位报送的《气象科普众创模式》作品，在第一届全国气象服务创新大赛评选中，获得气象服务模式类二等奖，主创人员为 孙明、艾文文、张岚罗曼、史谦、张志薇。

特颁此状，以资鼓励。

中国气象局

二〇一七年十二月

图 5.9 “气象科普众创模式”获评首届气象服务创新大赛服务模式类二等奖

入驻证书

气象科普众创模式：

贵作品在气象服务方面科学性、实用性、创新性兼具，经协商一致，成为首批入驻智慧气象服务云平台的作品，特发此证。

中国天气网

2017年12月1日

图 5.10 “气象科普众创模式”首批入驻智慧气象服务云平台

2019 年，江苏在前期工作基础上，筹备发起成立中国气象服务协会科普委员会（图 5.11），旨在以气象科普工作为主，结合其他相关行业科普工作，为政府与企事业单位、科普场馆、社会公众之间搭建科普互动与合作的平台；服务气象科普从业单位和人员，提升气象科普产品科技含量和服务能力；通过与相关企业举办各类活动，扩大气象科普覆盖面；组织制定气象科普产品和服务的行业和国家标准，推动相关标准的应用；组织开展各类科普场馆、科普企业产品的等级评定，促进科普产业发展欣欣向荣。

图 5.11　2019 年 2 月，中国气象服务协会科普委员会成立

结语

近年来，江苏气象部门高度重视气象科普工作，积极贯彻落实中国气象局和江苏省委省政府关于科普宣传工作的部署，科学制定全省气象科普工作发展规划，以中国北极阁气象博物馆为“圆心”，积极融入江苏各地特色，围绕建设气象科普场馆、举办特色科普活动、打造气象科普产品、壮大科普宣传队伍等重点任务，加大气象科普工作创新力度，拓宽气象科普创新广度，挖掘气象科普创新深度，走出了一条具有江苏特色的气象科普创新之路。

在本书出版之际，衷心感谢江苏省气象局科技与预报处、常州市气象局、盐城市气象局、苏州市气象局、南京市气象局、南京市江宁区气象局、南京市浦口区气象局、宿迁市泗洪县气象局、南京市田家炳高级中学等各市（区、县）气象部门及相关单位的支持，感谢南京市气象局金晨路、江苏省气象服务中心袁心仪等一批具有代表性的江苏气象科普工作者为本书提供相关素材。

附录

《全民科学素质行动规划纲要》（2021—2035年）

为贯彻落实党中央、国务院关于科普和科学素质建设的重要部署，依据《中华人民共和国科学技术进步法》《中华人民共和国科学技术普及法》（以下简称科普法），落实国家有关科技战略规划，特制定《全民科学素质行动规划纲要（2021—2035 年）》（以下简称《科学素质纲要》）①。

一、前言

习近平总书记指出："科技创新、科学普及是实现创新发展的两翼，要把科学普及放在与科技创新同等重要的位置。没有全民科学素质普遍提高，就难以建立起宏大的高素质创新大军，难以实现科技成果快速转化。"这一重要指示精神是新发展阶段科普和科学素质建设高质量发展的根本遵循。

科学素质是国民素质的重要组成部分，是社会文明进步的基础。公民具备科学素质是指崇尚科学精神，树立科学思想，掌握基本科学方法，了解必要科技知识，并具有运用其分析判断事物和解决实际问题的能力。提升科学素质，对于公民树立科学的世界观和方法论，对于增强国家自主创新能力和文化软实力、建设社会主义现代化强国，具有十分重要的意义。

自《全民科学素质行动计划纲要（2006—2010—2020 年）》印发实施，特别是党的十八大以来，在以习近平同志为核心的党中央坚强领导下，在国务院统筹部署下，各地区各部门不懈努力，全民科学素质行动取得显著成效，各项目标任务如期实现。公民科学素质水平大幅提升，2020 年具备科学素质的比例达到 10.56%；科学教育与培训体系持续完善，科学教育纳入基础教育各阶段；大众传媒科技传播能力大幅提高，科普信息化水平显著提升；科普基础设施迅速发展，现代科技馆体系初步建成；科普人才队伍不断壮大；科学素质国际交流实现新突破；建立以科普法为核心的政策法规体系；构建国家、省、市、县四级组织实施体系，探索出"党的领导、政府推动、全民参与、社会协同、开放合作"的建设模式，为创新发展营造了良好社会氛围，为确保如期打赢脱贫

① 《科学素质纲要》是国务院于 2021 年 6 月 25 日印发的，发文号：国发〔2021〕9 号。

攻坚战、确保如期全面建成小康社会作出了积极贡献。

我国科学素质建设取得了显著成绩，但也存在一些问题和不足。主要表现在：科学素质总体水平偏低，城乡、区域发展不平衡；科学精神弘扬不够，科学理性的社会氛围不够浓厚；科普有效供给不足、基层基础薄弱；落实“科学普及与科技创新同等重要”的制度安排尚未形成，组织领导、条件保障等有待加强。

当前和今后一个时期，我国发展仍然处于重要战略机遇期，但机遇和挑战都有新的发展变化。当今世界正经历百年未有之大变局，新一轮科技革命和产业变革深入发展，人类命运共同体理念深入人心，同时国际环境日趋复杂，不稳定性不确定性明显增加，新冠疫情影响广泛深远，世界进入动荡变革期。我国已转向高质量发展阶段，正在加快构建以国内大循环为主体、国内国际双循环相互促进的新发展格局。科技与经济、政治、文化、社会、生态文明深入协同，科技创新正在释放巨大能量，深刻改变生产生活方式乃至思维模式。人才是第一资源、创新是第一动力的重要作用日益凸显，国民素质全面提升已经成为经济社会发展的先决条件。科学素质建设站在了新的历史起点，开启了跻身创新型国家前列的新征程。

面向世界科技强国和社会主义现代化强国建设，需要科学素质建设担当更加重要的使命。一是围绕在更高水平上满足人民对美好生活的新需求，需要科学素质建设彰显价值引领作用，提高公众终身学习能力，不断丰富人民精神家园，服务人的全面发展。二是围绕构建新发展格局，需要科学素质建设在服务经济社会发展中发挥重要作用，以高素质创新大军支撑高质量发展。三是围绕加强和创新社会治理，需要科学素质建设更好促进人的现代化，营造科学理性、文明和谐的社会氛围，服务国家治理体系和治理能力现代化。四是围绕形成对外开放新格局，需要科学素质建设更好发挥桥梁和纽带作用，深化科技人文交流，增进文明互鉴，服务构建人类命运共同体。

二、指导思想、原则和目标

（一）指导思想

以习近平新时代中国特色社会主义思想为指导，深入贯彻党的十九大和十九届二中、三中、四中、五中全会精神，坚持党的全面领导，坚持以人民为中心，坚持新发展理念，统筹推进“五位一体”总体布局，协调推进“四个全面”战略布局，全面贯彻落实习近平总书记关于科普和科学素质建设的重要论述，以提高全民科学素质服务高质量发展为目标，以践行社会主义核心价值观、弘扬科学精神为主线，以深化科普供给侧改革为重点，着力打造社会化协同、智慧化传播、规范化建设和国际化合作的科学素质建设生态，营造热爱科学、崇尚创新的社会氛围，提升社会文明程度，为全面建设社会主义现代化强国提供基础支撑，为推动构建人类命运共同体作出积极贡献。

（二）原则

——突出科学精神引领。践行社会主义核心价值观，弘扬科学精神和科学家精神，传递科学的思想观念和行为方式，加强理性质疑、勇于创新、求真务实、包容失败的创新文化建设，坚定创新自信，形成崇尚创新的社会氛围。

——坚持协同推进。各级政府强化组织领导、政策支持、投入保障，激发高校、科研院所、企业、基层组织、科学共同体、社会团体等多元主体活力，激发全民参与积极性，构建政府、社会、市场等协同推进的社会化科普大格局。

——深化供给侧改革。破除制约科普高质量发展的体制机制障碍，突出价值导向，创新组织动员机制，强化政策法规保障，推动科普内容、形式和手段等创新提升，提高科普的知识含量，满足全社会对高质量科普的需求。

——扩大开放合作。开展更大范围、更高水平、更加紧密的科学素质国际交流，共筑对话平台，增进开放互信，深化创新合作，推动经验互鉴和资源共享，共同应对全球性挑战，推进全球可持续发展和人类命运共同体建设。

（三）目标

2025 年目标：我国公民具备科学素质的比例超过 15%，各地区、各人群科学素质发展不均衡明显改善。科普供给侧改革成效显著，科学素质标准和评估体系不断完善，科学素质建设国际合作取得新进展，“科学普及与科技创新同等重要”的制度安排基本形成，科学精神在全社会广泛弘扬，崇尚创新的社会氛围日益浓厚，社会文明程度实现新提高。

2035 年远景目标：我国公民具备科学素质的比例达到 25%，城乡、区域科学素质发展差距显著缩小，为进入创新型国家前列奠定坚实社会基础。科普公共服务均等化基本实现，科普服务社会治理的体制机制基本完善，科普参与全球治理的能力显著提高，创新生态建设实现新发展，科学文化软实力显著增强，人的全面发展和社会文明程度达到新高度，为基本实现社会主义现代化提供有力支撑。

三、提升行动

重点围绕践行社会主义核心价值观，大力弘扬科学精神，培育理性思维，养成文明、健康、绿色、环保的科学生活方式，提高劳动、生产、创新创造的技能，在“十四五”时期实施 5 项提升行动。

（一）青少年科学素质提升行动

激发青少年好奇心和想象力，增强科学兴趣、创新意识和创新能力，培育一大批具备科学家潜质的青少年群体，为加快建设科技强国夯实人才基础。

——将弘扬科学精神贯穿于育人全链条。坚持立德树人，实施科学家精神进校园行动，将科学精神融入课堂教学和课外实践活动，激励青少年树立投身建设世界科技强国的远大志向，培养学生爱国情怀、社会责任感、创新精神和实践能力。

——提升基础教育阶段科学教育水平。引导变革教学方式，倡导启发式、探究式、开放式教学，保护学生好奇心，激发求知欲和想象力。完善初高中包括科学、数学、物理、化学、生物学、通用技术、信息技术等学科在内的学业水平考试和综合素质评价制度，引导有创新潜质的学生个性化发展。加强农村中小学科学教育基础设施建设和配备，加大科学教育活动和资源向农村倾斜力度。推进信息技术与科学教育深度融合，推行场景式、体验式、沉浸式学习。完善科学教育质量评价和青少年科学素质监测评估。

——推进高等教育阶段科学教育和科普工作。深化高校理科教育教学改革，推进科学基础课程建设，加强科学素质在线开放课程建设。深化高校创新创业教育改革，深入实施国家级大学生创新创业训练计划，支持在校大学生开展创新型实验、创业训练和创业实践项目，大力开展各类科技创新实践活动。

——实施科技创新后备人才培育计划。建立科学、多元的发现和培育机制，对有科学家潜质的青少年进行个性化培养。开展英才计划、少年科学院、青少年科学俱乐部等工作，探索从基础教育到高等教育的科技创新后备人才贯通式培养模式。深入实施基础学科拔尖学生培养计划 2.0，完善拔尖创新人才培养体系。

——建立校内外科学教育资源有效衔接机制。实施馆校合作行动，引导中小学充分利用科技馆、博物馆、科普教育基地等科普场所广泛开展各类学习实践活动，组织高校、科研机构、医疗卫生机构、企业等开发开放优质科学教育活动和资源，鼓励科学家、工程师、医疗卫生人员等科技工作者走进校园，开展科学教育和生理卫生、自我保护等安全健康教育活动。广泛开展科技节、科学营、科技小论文（发明、制作）等科学教育活动。加强对家庭科学教育的指导，提高家长科学教育意识和能力。加强学龄前儿童科学启蒙教育。推动学校、社会和家庭协同育人。

——实施教师科学素质提升工程。将科学精神纳入教师培养过程，将科学教育和创新人才培养作为重要内容，加强新科技知识和技能培训。推动高等师范院校和综合性大学开设科学教育本科专业，扩大招生规模。加大对科学、数学、物理、化学、生物学、通用技术、信息技术等学科教师的培训力度。实施乡村教师支持计划。加大科学教师线上培训力度，深入开展“送培到基层”活动，每年培训 10 万名科技辅导员。

（二）农民科学素质提升行动

以提升科技文化素质为重点，提高农民文明生活、科学生产、科学经营能力，造就一支适应农业农村现代化发展要求的高素质农民队伍，加快推进乡村全面振兴。

——树立相信科学、和谐理性的思想观念。重点围绕保护生态环境、节约能源资源、绿色生产、防灾减灾、卫生健康、移风易俗等，深入开展科普宣传教育活动。

——实施高素质农民培育计划。面向保障国家粮食安全和重要农副产品有效供给、构建乡村产业体系、发展农村社会事业新需求，依托农广校等平台开展农民教育培训，大力提高农民科技文化素质，服务农业农村现代化。开展农民职业技能鉴定和技能等级认定、农村电商技能人才培训，举办面向农民的技能大赛、农民科学素质网络竞赛、乡土人才创新创业大赛等，开展农民教育培训1000万人次以上，培育农村创业创新带头人100万名以上。实施农村妇女素质提升计划，帮助农村妇女参与农业农村现代化建设。

——实施乡村振兴科技支撑行动。鼓励高校和科研院所开展乡村振兴智力服务，推广科技小院、专家大院、院（校）地共建等农业科技社会化服务模式。深入推行科技特派员制度，支持家庭农场、农民合作社、农业社会化服务组织等新型农业经营主体和服务主体通过建立示范基地、田间学校等方式开展科技示范，引领现代农业发展。引导专业技术学（协）会等社会组织开展农业科技服务，将先进适用的品种、技术、装备、设施导入小农户，实现小农户和现代农业有机衔接。

——提升革命老区、民族地区、边疆地区、脱贫地区农民科技文化素质。引导社会科普资源向欠发达地区农村倾斜。开展兴边富民行动、边境边民科普活动和科普边疆行活动，大力开展科技援疆援藏，提高边远地区农民科技文化素质。提升农村低收入人口职业技能，增强内生发展能力。

（三）产业工人科学素质提升行动

以提升技能素质为重点，提高产业工人职业技能和创新能力，打造一支有理想守信念、懂技术会创新、敢担当讲奉献的高素质产业工人队伍，更好服务制造强国、质量强国和现代化经济体系建设。

——开展理想信念和职业精神宣传教育。开展“中国梦·劳动美”、最美职工、巾帼建功等活动，大力弘扬劳模精神、劳动精神、工匠精神，营造劳动光荣的社会风尚、精益求精的敬业风气和勇于创新的文化氛围。

——实施技能中国创新行动。开展多层级、多行业、多工种的劳动和技能竞赛，建设劳模和工匠人才创新工作室，统筹利用示范性高技能人才培训基地、国家级技能大师工作室，发现、培养高技能人才。组织开展“五小”等群众性创新活动，推动大众创业、万众创新。

——实施职业技能提升行动。在职前教育和职业培训中进一步突出科学素质、安全生产等相关内容，构建职业教育、就业培训、技能提升相统一的产业工人终身技能形成体系。通过教育培训，提高职工安全健康意识和自我保护能力。深入实施农民工职业技能提升计划、求学圆梦行动等，增加进城务工人员教育培训机会。

——发挥企业家提升产业工人科学素质的示范引领作用。弘扬企业家精神，提高企业家科学素质，引导企业家在爱国、创新、诚信、社会责任和国际视野等方面不断提升，做创新发展的探索者、组织者、引领者和提升产业工人科学素质的推动者。鼓励企业积极培养使用创新型技能人才，在关键岗位、关键工序培养使用高技能人才。发挥学会、协会、研究会作用，引导、支持企业和社会组织开展职业能力水平评价。发挥“科创中国”平台作用，探索建立企业科技创新和产业工人科学素质提升的双促进机制。推动相关互联网企业做好快递员、网约工、互联网营销师等群体科学素质提升工作。

（四）老年人科学素质提升行动

以提升信息素养和健康素养为重点，提高老年人适应社会发展能力，增强获得感、幸福感、安全感，实现老有所乐、老有所学、老有所为。

——实施智慧助老行动。聚焦老年人运用智能技术、融入智慧社会的需求和困难，依托老年大学（学校、学习点）、老年科技大学、社区科普大学、养老服务机构等，普及智能技术知识和技能，提升老年人信息获取、识别和使用能力，有效预防和应对网络谣言、电信诈骗。

——加强老年人健康科普服务。依托健康教育系统，推动老年人健康科普进社区、进乡村、进机构、进家庭，开展健康大讲堂、老年健康宣传周等活动，利用广播、电视、报刊、网络等各类媒体，普及合理膳食、食品安全、心理健康、体育锻炼、合理用药、应急处置等知识，提高老年人健康素养。充分利用社区老年人日间照料中心、科普园地、党建园地等阵地为老年人提供健康科普服务。

——实施银龄科普行动。积极开发老龄人力资源，大力发展老年协会、老科协等组织，充分发挥老专家在咨询、智库等方面的作用。发展壮大老年志愿者队伍。组建老专家科普报告团，在社区、农村、青少年科普中发挥积极作用。

(五)领导干部和公务员科学素质提升行动

进一步强化领导干部和公务员对科教兴国、创新驱动发展等战略的认识，提高科学决策能力，树立科学执政理念，增强推进国家治理体系和治理能力现代化的本领，更好服务党和国家事业发展。

——深入贯彻落实新发展理念。切实找准将新发展理念转化为实践的切入点、结合点和着力点，提高领导干部和公务员科学履职水平，强化对科学素质建设重要性和紧迫性的认识。

——加强科学素质教育培训。认真贯彻落实《干部教育培训工作条例》《公务员培训规定》，加强前沿科技知识和全球科技发展趋势学习，突出科学精神、科学思想培养，增强把握科学发展规律的能力。大力开展面向基层领导干部和公务员，特别是革命老区、民族地区、边疆地区、脱贫地区干部的科学素质培训工作。

——在公务员录用中落实科学素质要求。不断完善干部考核评价机制，在公务员录用考试和任职考察中，强化科学素质有关要求并有效落实。

四、重点工程

深化科普供给侧改革，提高供给效能，着力固根基、扬优势、补短板、强弱项，构建主体多元、手段多样、供给优质、机制有效的全域、全时科学素质建设体系，在“十四五”时期实施5项重点工程。

(一)科技资源科普化工程

建立完善科技资源科普化机制，不断增强科技创新主体科普责任意识，充分发挥科技设施科普功能，提升科技工作者科普能力。

——建立完善科技资源科普化机制。鼓励国家科技计划(专项、基金等)项目承担单位和人员，结合科研任务加强科普工作。推动在相关科技奖项评定中列入科普工作指标。推动将科普工作实绩作为科技人员职称评聘条件。将科普工作纳入相关科技创新基地考核。开展科技创新主体、科技创新成果科普服务评价，引导企业和社会组织建立有效的科技资源科普化机制，支持中国公众科学素质促进联合体等发展，推动科普事业与科普产业发展，探索“产业＋科普”模式。开展科普学分制试点。

——实施科技资源科普化专项行动。支持和指导高校、科研机构、企业、科学共同体等利用科技资源开展科普工作，开发科普资源，加强与传媒、专业科普组织合作，及时普及重大科技成果。建设科学传播专家工作室，分类制定科技资源科普化工作指南。拓展科技基础设施科普功能，鼓励大科学装置（备）开发科普功能，推动国家重点实验室等创新基地面向社会开展多种形式的科普活动。

——强化科技工作者的社会责任。大力弘扬科学家精神，开展老科学家学术成长资料采集工程，依托国家科技传播中心等设施和资源，打造科学家博物馆和科学家精神教育基地，展示科技界优秀典型、生动实践和成就经验，激发全民族创新热情和创造活力。加强科研诚信和科技伦理建设，深入开展科学道德和学风建设宣讲活动，引导广大科技工作者坚守社会责任，自立自强，建功立业，成为践行科学家精神的表率。通过宣传教育、能力培训、榜样示范等增强科技人员科普能力，针对社会热点、焦点问题，主动、及时、准确发声。

（二）科普信息化提升工程

提升优质科普内容资源创作和传播能力，推动传统媒体与新媒体深度融合，建设即时、泛在、精准的信息化全媒体传播网络，服务数字社会建设。

——实施繁荣科普创作资助计划。支持优秀科普原创作品。支持面向世界科技前沿、面向经济主战场、面向国家重大需求、面向人民生命健康等重大题材开展科普创作。大力开发动漫、短视频、游戏等多种形式科普作品。扶持科普创作人才成长，培养科普创作领军人物。

——实施科幻产业发展扶持计划。搭建高水平科幻创作交流平台和产品开发共享平台，建立科幻电影科学顾问库，为科幻电影提供专业咨询、技术支持等服务。推进科技传播与影视融合，加强科幻影视创作。组建全国科幻科普电影放映联盟。鼓励有条件的地方设立科幻产业发展基金，打造科幻产业集聚区和科幻主题公园等。

——实施全媒体科学传播能力提升计划。推进图书、报刊、音像、电视、广播等传统媒体与新媒体深度融合，鼓励公益广告增加科学传播内容，实现科普内容多渠道全媒体传播。引导主流媒体加大科技宣传力度，增加科普内容、增设科普专栏。大力发展新媒体科学传播。加强媒体从业人员科学传播能力培训。促进媒体与科学共同体的沟通合作，增强科学传播的专业性和权威性。

——实施智慧科普建设工程。推进科普与大数据、云计算、人工智能、区块链等技术深度融合，强化需求感知、用户分层、情景应用理念，推动传播方式、组织动员、运营服务等创新升级，加强“科普中国”建设，充分利用现有平台构建国家级科学传播网络平台和科学辟谣平台。强化科普信息落地应用，与智慧教育、智慧城市、智慧社区等深度融合，推动优质科普资源向革命老区、民族地区、边疆地区、脱贫地区倾斜。

（三）科普基础设施工程

加强科普基础设施建设，建立政府引导、多渠道投入的机制，实现资源合理配置和服务均衡化、广覆盖。

——加强对科普基础设施建设的统筹规划与宏观指导。制定科普基础设施发展规划，将科普基础设施建设纳入各地国民经济和社会发展规划。完善科普基础设施建设管理的规范和标准，建立健全分级评价制度。完善社会资金投入科普基础设施建设的优惠政策和法规。推行科技馆登记注册制度和年报制度。推进符合条件的科技馆免费开放。

——创新现代科技馆体系。推动科技馆与博物馆、文化馆等融合共享，构建服务科学文化素质提升的现代科技馆体系。加强实体科技馆建设，开展科普展教品创新研发，打造科学家精神教育基地、前沿科技体验基地、公共安全健康教育基地和科学教育资源汇集平台，提升科技馆服务功能。推进数字科技馆建设，统筹流动科技馆、科普大篷车、农村中学科技馆建设，探索多元主体参与的运行机制和模式，提高服务质量和能力。

——大力加强科普基地建设。深化全国科普教育基地创建活动，构建动态管理和长效激励机制。鼓励和支持各行业各部门建立科普教育、研学等基地，提高科普服务能力。推进图书馆、文化馆、博物馆等公共设施开展科普活动，拓展科普服务功能。引导和促进公园、自然保护区、风景名胜区、机场、车站、电影院等公共场所强化科普服务功能。开发利用有条件的工业遗产和闲置淘汰生产设施，建设科技博物馆、工业博物馆、安全体验场馆和科普创意园。

（四）基层科普能力提升工程

建立健全应急科普协调联动机制，显著提升基层科普工作能力，基本建成平战结合应急科普体系。

——建立应急科普宣教协同机制。利用已有设施完善国家级应急科普宣教平台，组建专家委员会。各级政府建立应急科普部门协同机制，坚持日常宣教与应急宣传相统一，纳入各级突发事件应急工作整体规划和协调机制。储备和传播优质应急科普内容资源，有效开展传染病防治、防灾减灾、应急避险等主题科普宣教活动，全面推进应急科普知识进企业、进农村、进社区、进学校、进家庭。突发事件状态下，各地各部门密切协作，统筹力量直达基层开展应急科普，及时做好政策解读、知识普及和舆情引导等工作。建立应急科普专家队伍，提升应急管理人员和媒体人员的应急科普能力。

——健全基层科普服务体系。构建省域统筹政策和机制、市域构建资源集散中心、县域组织落实，以新时代文明实践中心（所、站）、党群服务中心、社区服务中心（站）等为阵地，以志愿服务为重要手段的基层科普服务体系。动员学校、医院、科研院所、企业、科学共同体和社会组织等组建科技志愿服务队，完善科技志愿服务管理制度，推进科技志愿服务专业化、规范化、常态化发展，推广群众点单、社区派单、部门领单、科技志愿服务队接单的订单认领模式。建立完善跨区域科普合作和共享机制，鼓励有条件的地区开展全领域行动、全地域覆盖、全媒体传播、全民参与共享的全域科普行动。

——实施基层科普服务能力提升工程。深入实施基层科普行动计划。开展全国科普示范县（市、区）创建活动。加强基层科普设施建设，在城乡社区综合服务设施、社区图书馆、社区书苑、社区大学等平台拓展科普服务功能。探索建立基层科普展览展示资源共享机制。深入开展爱国卫生运动、全国科普日、科技活动周、双创活动周、防灾减灾日、食品安全宣传周、公众科学日等活动，增进公众对科技发展的了解和支持。

——加强专职科普队伍建设。大力发展科普场馆、科普基地、科技出版、新媒体科普、科普研究等领域专职科普人才队伍。鼓励高校、科研机构、企业设立科普岗位。建立高校科普人才培养联盟，加大高层次科普专门人才培养力度，推动设立科普专业。

（五）科学素质国际交流合作工程

拓展科学素质建设交流渠道，搭建开放合作平台，丰富交流合作内容，增进文明互鉴，推动价值认同，提升开放交流水平，参与全球治理。

——拓展国际科技人文交流渠道。围绕提升科学素质、促进可持续发展，充分发挥科学共同体优势和各类人文交流机制作用。开展青少年交流培育计划，拓展合作领域，提升合作层次。

——丰富国际合作内容。深入开展科学教育、传播和普及双多边合作项目，促进科普产品交流交易。聚焦应对未来发展、粮食安全、能源安全、人类健康、灾害风险、气候变化等人类可持续发展共同挑战，加强青少年、妇女和教育、媒体、文化等领域科技人文交流。

——积极参与全球治理。推进科学素质建设国际合作，探索制订国际标准，推动建立世界公众科学素质组织，参与议题发起和设置，在多边活动中积极提供中国方案、分享中国智慧。

——促进“一带一路”科技人文交流。坚持共商共建共享原则，深化公共卫生、绿色发展、科技教育等领域合作。推进科学素质建设战略、规划、机制对接，加强政策、规则、标准联通，推动共建“一带一路”高质量发展。

五、组织实施

（一）组织保障

建立完善《科学素质纲要》实施协调机制，负责领导《科学素质纲要》实施工作，将公民科学素质发展目标纳入国民经济和社会发展规划，加强对《科学素质纲要》实施的督促检查。各部门将《科学素质纲要》有关任务纳入相关规划和计划，充分履行工作职责。中国科协发挥综合协调作用，做好沟通联络工作，会同各有关方面共同推进科学素质建设。

地方各级政府负责领导当地《科学素质纲要》实施工作，把科学素质建设作为地方经济社会发展的一项重要任务，纳入本地区总体规划，列入年度工作计划，纳入目标管理考核。地方各级科协牵头实施《科学素质纲要》，完善科学素质建设工作机制，会同各相关部门全面推进本地区科学素质建设。

（二）机制保障

完善表彰奖励机制。根据国家有关规定，对在科学素质建设中做出突出贡献的集体和个人给予表彰和奖励。

完善监测评估体系。完善科普工作评估制度，制定新时代公民科学素质标准，定期开展公民科学素质监测评估、科学素质建设能力监测评估。

（三）条件保障

完善法规政策。完善科普法律法规体系，鼓励有条件的地方制修订科普条例，制定科普专业技术职称评定办法，开展评定工作，将科普人才列入各级各类人才奖励和资助计划。

加强理论研究。围绕新科技、新应用带来的科技伦理、科技安全、科学谣言等方面，开展科学素质建设理论与实践研究。深入开展科普对象、手段和方法等研究，打造科学素质建设高端智库。

强化标准建设。分级分类制定科普产品和服务标准，实施科学素质建设标准编制专项，推动构建包括国家标准、行业标准、地方标准、团体标准和企业标准的多维标准体系。

保障经费投入。各有关部门统筹考虑和落实科普经费。各级政府按规定安排经费支持科普事业发展。大力提倡个人、企业、社会组织等社会力量采取设立科普基金、资助科普项目等方式为科学素质建设投入资金。